中国石油天然气集团公司统编培训教材

勘探开发业务分册

油气田企业能耗统计指南

《油气田企业能耗统计指南》编委会 编

石油工业出版社

内 容 提 要

本书介绍了油气田企业能耗统计的相关知识,包括:能耗统计基础知识,油气田能耗统计体系,耗能统计指标,用水统计指标,统计分析的基本内容、方法以及统计分析报告的格式和案例。

本书可作为能耗统计工作人员、节能管理人员以及其他相关技术管理人员的培训教材。

图书在版编目(CIP)数据

油气田企业能耗统计指南/《油气田企业能耗统计指南》编委会编.
北京:石油工业出版社,2016.8
中国石油天然气集团公司统编培训教材
ISBN 978 - 7 - 5183 - 1313 - 6

Ⅰ.油…

Ⅱ.油…

Ⅲ.石油企业－能量消耗－技术培训－教材

Ⅳ.TE08

中国版本图书馆 CIP 数据核字(2016)第 123671 号

出版发行:石油工业出版社
　　　　　(北京安定门外安华里 2 区 1 号　　100011)
　　　　　网　址:www.petropub.com
　　　　　编辑部:(010)64269289　图书营销中心:(010)64523633
经　　销:全国新华书店
印　　刷:北京中石油彩色印刷有限责任公司
2016 年 8 月第 1 版　2016 年 8 月第 1 次印刷
710×1000 毫米　开本:1/16　印张:12.75
字数:245 千字
定价:45.00 元
(如出现印装质量问题,我社图书营销中心负责调换)

《油气田企业能耗统计指南》
编 委 会

《油气田企业能耗统计指南》
编审人员

主　　编：穆　剑

副 主 编：马建国　余绩庆

编审人员：陈衍飞　魏江东　陈秀梅　刘　博

　　　　　郭景芳　李　柯　陈由旺　王钦胜

　　　　　陈　漫　刘富余　陈　雪　吕亳龙

　　　　　梁惠勳　姬　瑞　吴　浩　段　红

　　　　　解红军　王广河　陈　莉　顾利民

　　　　　吕莉莉　朱英如　林　冉

序

    企业发展靠人才,人才发展靠培训。当前,集团公司正处在加快转变增长方式,调整产业结构,全面建设综合性国际能源公司的关键时期。做好"发展""转变""和谐"三件大事,更深更广参与全球竞争,实现全面协调可持续,特别是海外油气作业产量"半壁江山"的目标,人才是根本。培训工作作为影响集团公司人才发展水平和实力的重要因素,肩负着艰巨而繁重的战略任务和历史使命,面临着前所未有的发展机遇。健全和完善员工培训教材体系,是加强培训基础建设,推进培训战略性和国际化转型升级的重要举措,是提升公司人力资源开发整体能力的一项重要基础工作。

    集团公司始终高度重视培训教材开发等人力资源开发基础建设工作,明确提出要"由专家制定大纲、按大纲选编教材、按教材开展培训"的目标和要求。2009 年以来,由人事部牵头,各部门和专业分公司参与,在分析优化公司现有部分专业培训教材、职业资格培训教材和培训课件的基础上,经反复研究论证,形成了比较系统、科学的教材编审目录、方案和编写计划,全面启动了《中国石油天然气集团公司统编培训教材》(以下简称"统编培训教材")的开发和编审工作。"统编培训教材"以国内外知名专家学者、集团公司两级专家、现场管理技术骨干等力量为主体,充分发挥地区公司、研究院所、培训机构的作用,瞄准世界前沿及集团公司技术发展的最新进展,突出现场应用和实际操作,精心组织编写,由集团公司"统编培训教材"编审委员会审定,集团公司统一出版和发行。

    根据集团公司员工队伍专业构成及业务布局,"统编培训教材"按"综合管理类、专业技术类、操作技能类、国际业务类"四类组织编写。综合管理类侧重中高级综合管理岗位员工的培训,具有石油石化管理特色的教材,以自编方式为主,行业适用或社会通用教材,可从社会选购,作为指定培训教材;专业技术类侧重中高级专业技术岗位员工的培训,是教材编审的主体,按照《专业培训教材开发目录及编审规划》逐套编审,循序推进,计划编审 300 余门;操作技能类以国家制定的操作工种技能鉴定培训教材为基础,侧重主体专业(主要工种)骨干岗位的培训;国际业务类侧重海外项目中外员工的培训。

"统编培训教材"具有以下特点:

一是前瞻性。教材充分吸收各业务领域当前及今后一个时期世界前沿理论、先进技术和领先标准,以及集团公司技术发展的最新进展,并将其转化为员工培训的知识和技能要求,具有较强的前瞻性。

二是系统性。教材由"统编培训教材"编审委员会统一编制开发规划,统一确定专业目录,统一组织编写与审定,避免内容交叉重叠,具有较强的系统性、规范性和科学性。

三是实用性。教材内容侧重现场应用和实际操作,既有应用理论,又有实际案例和操作规程要求,具有较高的实用价值。

四是权威性。由集团公司总部组织各个领域的技术和管理权威,集中编写教材,体现了教材的权威性。

五是专业性。不仅教材的组织按照业务领域,根据专业目录进行开发,且教材的内容更加注重专业特色,强调各业务领域自身发展的特色技术、特色经验和做法,也是对公司各业务领域知识和经验的一次集中梳理,符合知识管理的要求和方向。

经过多方共同努力,集团公司首批 39 门"统编培训教材"已按计划编审出版,与各企事业单位和广大员工见面了,将成为首批集团公司统一组织开发和编审的中高级管理、技术、技能骨干人员培训的基本教材。首批"统编培训教材"的出版发行,对于完善建立起与综合性国际能源公司形象和任务相适应的系列培训教材,推进集团公司培训的标准化、国际化建设,具有划时代意义。希望各企事业单位和广大石油员工用好、用活本套教材,为持续推进人才培训工程,激发员工创新活力和创造智慧,加快建设综合性国际能源公司发挥更大作用。

《中国石油天然气集团公司统编培训教材》
编审委员会
2011 年 4 月 18 日

前　言

　　党中央、国务院一直高度重视能源统计工作,国务院国有资产监督管理委员会及国家发展和改革委员会也曾多次下发有关文件,要求加快建立和完善能源统计指标体系和监测体系。中国石油作为国家重点耗能企业,其能耗统计工作更是不容忽视。能耗统计是集团公司节能考核的重要基础,是衡量集团公司节能减排目标任务完成情况的重要依据。加强能耗统计工作,强化能耗统计人员业务素质,从而提高能耗统计数据质量,推进能耗统计公开和透明,准确及时地把握能源生产消费情况,对于制定发展战略规划,加快建设资源节约型、环境友好型企业具有深远的意义。

　　目前油气田能耗统计管理中还存在一些不足,教材力图通过编制油气田能耗统计基础知识、统计体系、耗能用水指标以及统计分析等内容,规范油气田耗能用水统计工作,促进油气田节能节水工作深入开展。本书中"能耗"包括耗能和用水两方面。油气田企业能耗统计管理主要涉及的业务包括油田业务、气田业务、公用工程及其他。本教材主要适用于从事油气田能耗统计工作的员工,对于技术管理等其他相关人员亦有借鉴作用。

　　参加本书编写的单位有:中国石油天然气集团公司节能技术研究中心、中国石油天然气股份有限公司勘探与生产分公司、大庆油田有限责任公司、辽河油田分公司、长庆油田分公司、西南油气田分公司、冀东油田分公司、大港油田分公司等。

　　本书由穆剑任主编、马建国、余绩庆任副主编,编写分工如下:

　　第一章第一节由吕毫龙编写,第二节由陈雪编写,第三、五节由魏江东编写,第四节由陈衍飞编写;第二章第一、二节由刘富余、马建国、梁惠勳编写,第三节由陈衍飞编写,第四节由陈雪编写;第三、四章由陈衍飞、陈秀梅、陈漫、郭景芳、李柯、王钦胜编写;第五章由陈衍飞、马建国、梁惠勳编写;第六章由陈衍飞、陈秀梅、陈漫、郭景芳编写。本书请陈由旺教授级高工、刘博高级工程师审阅了有关章节；全书经吴浩教授级高工审阅。在本书的编写过程中，参考了诸多文献资料，得到了有关方面的大力支持。在此谨向审稿专家、文献作者和关心支持本书编写的领导和同志们一并表示衷心的感谢。

　　由于编者水平有限，难免有错误和疏漏之处，敬请读者批评指正。

说　明

　　该教材可作为中国石油天然气集团公司(以下简称集团公司)所属各油气田企业的能耗统计管理专用教材。随着集团公司节能工作由能源节约向能源管控的转变,对节能统计工作提出更高的要求,各油田公司的节能相关从业人员,包括从管理者到基层站队员工,需要进行不同内容、不同层次的能耗统计管理技术专业培训,从而规范油气田耗能用水统计工作,促进油气田节能节水工作的深入开展。本书中"能耗"包括耗能和用水两方面。油气田企业能耗统计管理主要涉及的业务包括油田业务、气田业务、公用工程及其他。培训对象的划分及其应掌握和了解的内容在本教材中章节分布,做如下说明,供参考。培训对象的划分如下:

　　(1)能耗统计工作人员。

　　(2)其他节能管理人员,包括:从事项目管理,节能监测,能效对标,能评管理,考核管理,审计管理等其他节能管理人员。

　　(3)技术管理等相关人员。

　　针对不同人员的教学内容,可参照如下要求:

　　(1)能耗统计工作人员,要求了解第一章,熟悉第二章,掌握第三章、第四章、第五章和第六章内容。

　　(2)其他节能管理人员,要求了解第一章,熟悉第二章、第三章、第四章、第五章和第六章内容。

　　(3)技术管理等相关人员,希望本书能起到借鉴作用。

目 录

第一章　基　础　知　识

第一节　能　源

一、定义及分类

1. 能

1）能的定义

能是物体或物质系统做功的能力或本领，是物质运动的量度。相应于不同形式的运动，能可分为许多种。当物质运动形式发生变化时，能的形式同时发生转变。能也可以在不同形式之间发生传递，即做功或传递热量。能的基本特点是自然界一切过程必须服从能量守恒与转换定律，即在一定的体系内，各种形式的能的总和是一个常数，能量不能产生，也不能消灭，只能从一种形式转化为另一种形式。

2）能的分类

能的形态与物质的运动形式相对应。自然界中，物质的运动形式纷繁复杂，决定了能的形态多种多样。能的形态大致可归纳为以下6类。

（1）机械能。

机械能是指物体或物质系统因做机械运动而具有的能。机械能与物体的位置及位置的变化有关，其大小等于物体或物质系统在某一时刻所具有的宏观动能和宏观势能的总和。固体和流体的动能、势能、弹性能、表面张力能等均为机械能，其中最常见的是动能和势能。

一个物体对另一个物体做功常常是通过机械能的减少来实现的。机械能的获得可以采用多种不同的方式，例如，水轮机利用水头落差把势能转变为机械能；热力发动机通过燃气或水蒸气的膨胀做功过程使热能转变为机械能。

（2）内能。

内能是物体因内部微观粒子的热运动而具有的能。内能与物质的热运动相联系,其大小等于宏观物体内所有分子热运动的动能,分子间相互作用的势能以及分子内原子、电子等运动的能量总和。物体系统的内能取决于温度、体积、外场等因素,所以如果要改变物体的内能,可以通过向物体传递热量以改变系统温度,做机械功以改变系统的体积或改变外场等途径来实现。于是改变内能的途径就可以概括成两种:传递热量和做功。

值得注意的一点:做机械运动的宏观物体,一方面因其内部微粒做无规则运动而具有内能;另一方面又因所有这些微粒同时做有规则运动而具有机械能,所以一个宏观物体的总能量实际上是机械能和内能的总和。

（3）电磁能。

电磁能是彼此相互联系的交变电场和磁场所具有的能量总和,包括电场能和磁场能。电磁能与其他形式的能相互转换可以通过发电机、电动机来实现。

（4）辐射能。

辐射能包括电磁波、声波、弹性波、核放射线等所传递的能量。太阳能是典型的辐射能,具有温度的物体均能发出热辐射。

（5）化学能。

化学能是物质系统的分子结构发生改变时释放的物质结构能,它是对物质化学运动所做的最一般的描述。化学能的大小仅取决于发生化学反应的物质系统中各种物质分子结构及其数量,而与该物质系统的温度无关。如碳和氢的燃烧反应是人们广为利用的放热反应。

（6）核能。

核能是原子核在转变过程或反应过程中释放出来的能,它是区别于化学能的另一种储存能。核能起源于将中子和质子保持在原子核中的一种特别强大的短程相互作用力,这种作用力远远大于原子核与外围电子之间的相互作用力,所以核反应中释放的能量比化学能大几百万倍。核能的获得有两种途径:一是重核的裂变;二是轻核的聚变。

3）能的性质

（1）能量转换的普遍性。

自然界中存在着许多运动形式,各种运动形式之间经常发生相互转换。当物质的运动形式发生转变时,能的形态同时发生转变,不同能量形态之间是可以相互转换的,即能量具有转换性。在一定条件下,任何一种类型的运动形式都可以转化为其他类型的运动形式,任何一种形态的能都可以转换为其他形态的能。

(2)能量转换在数量上的守恒性。

能量转换时,能的总量守恒,既不创造,也不消失,在数量上服从能量守恒定律。在能源使用过程中,常常应用这一定律来考察并研究一个系统的能量收入、支出在数量上的平衡关系。

(3)能量转换的限制性。

能量的大小是由做功能力的大小来衡量的。所有的功都能转化为能,但并非所有的能都可以转化为功。能量转换的限制性是指由于能在品质上存在差异,各种形态的能不可能无条件地相互转换。如机械能可以全部转换为热能,而热能却不可能无条件地全部转换为机械能;高温热能可以自动转换为低温热能,低温热能却不能自动转换为高温热能等。

(4)能量的传递性。

能量的传递性是指系统在经历状态变化的过程中,可以通过做功或传热的方式向外界传递能量。例如,热量是由于系统和外界的温差引起的能量传递。

各种形态的能量既存在数量上的差别,又有质量上的不同。为了使能量得到充分、合理的利用,不仅要尽量减少能量在总量上的损失,而且要按质用能,使各种能量各尽其用。

2. 能源

1)能源定义

能源是指已开采出来可供使用的自然能量资源和经过加工或转换的能量的来源。尚未开发出来的能量资源称为资源,不能列入"能源"范畴。

2)能源分类

能源种类繁多,性质也各不相同,因此有多种分类方法,常见的有以下几种分类方式。

(1)一次能源与二次能源。

一次能源是指从自然界取得的未经任何改变或转换的能源,如原煤、原油、天然气、生物质能、水能、风能、核能、太阳能、地热能、潮汐能等。

二次能源是指由一次能源经过加工转换成另一种形态的能源产品。按照国标 GB/T 2589—2008《综合能耗计算通则》规定,二次能源主要包括洗精煤、其他洗煤、型煤、焦炭、焦炉煤气、其他煤气、汽油、煤油、柴油、燃料油、液化石油气、炼厂干气、其他石油制品、其他焦化制品、热力、电力等。

(2)常规能源与新能源。

常规能源又称传统能源,是指在现有经济和技术条件下,已经大规模生产和广泛使用的能源,如煤炭、石油、天然气、水能和核裂变能。目前常规能源是人类利用的主要能源。

新能源是指在新技术基础上系统地开发利用的能源,是正在开发利用但尚未普遍使用的能源。新能源大多是天然的和可再生的,包括太阳能、风能、海洋能、地热能、氢能等。

常规能源和新能源的概念是相对的,随着技术的进步和生产利用的扩大,某些新能源会演变成常规能源。未来的能源将逐步过渡到以新能源为基础的持久能源系统。

(3)燃料型能源与非燃料型能源。

燃料是指燃烧时能产生热能和光能的物质。燃料型能源则是指作为燃料使用以热能形式提供能量的能源。燃料型能源是人类当前与未来相当长时期内的基本能源,例如原煤、石油、天然气、木料以及各种有机废物等。

非燃料型能源是指不作为燃料使用,直接产生能量提供给人类使用的能源,如水能、风能、热能、电能等。

(4)可再生能源与非再生能源。

可再生能源是指在自然界中可以不断再生并有规律地得到补充的能源,例如水能、风能、潮汐能等。非再生能源是指经过亿万年形成的、短期内无法恢复的能源,随着大规模地开采,其储量会越来越少,直至枯竭,原煤、原油、天然气等属于非再生能源。

上述各种能源分类都是相对的,不是绝对的。任何一种具体的能源都可因为分类的角度不同而兼属于多种类别,例如水能既是一次性能源,又是常规能源、非燃料型能源,还是可再生能源。

(5)清洁能源和非清洁能源。

清洁能源和非清洁能源是按照能源消费过程对人类环境影响的程度区分的。清洁能源主要是指天然气、水能、风能、太阳能、地热能、海洋能、核能及由此产生的电力、动力、热力等。其他在消费过程中排放大量温室气体、有害气体和有损环境的液体、固体废弃物的能源,称为非清洁能源,比如煤炭、石油等。

（6）商品能源和非商品能源。

商品能源和非商品能源是按照能源的商品市场交易程度区分的。

在一般情况下，其全国产量的全部或大部分进入商品市场交易的能源为商品能源，比如煤炭、石油、天然气、电力等；其全国总量的全部或大部分为自产、自采、自用的能源为非商品能源，比如农村居民自用的薪柴、农作物秸秆、沼气等。

商品能源和非商品能源是按照能源品种在一个比较长的时期内实际存在的交易和非交易特征区分的，不是按照能源品种实际具有交易和非交易特征区分的，也不是按照市场实际的交易量和自产、自采、自用量进行具体计算的。比如：煤矿生产的煤炭，虽然煤矿自己也使用，但是其生产目的主要是为了交易，而且我国的绝大多数煤炭都要进入市场，所以煤炭是商品能源。我国农民做饭使用的薪柴、植物秸秆、沼气，虽然也具有进行交易的特征，但大多数都是自产、自采、自用的，所以目前在我国它们是非商品能源。我国和世界多数国家核算的能源消费量，是商品能源消费量。

二、能源计量单位及换算

能源的计量单位是指为计算能源的数量而选定作为参考的量。按照能源的计量方式，能源计量单位可以有三种表示方法：一是用能源的实物量来表示，如煤的吨数（t）；二是用热功单位来表示，如焦耳（J）、千瓦时（kW·h）等；三是用能源的当量值（或等价值）表示，如煤当量和油当量。按照能源计量单位的使用范围，可分为国际公认的国际标准单位和一个国家自行规定的法定计量单位两种。下面按照能源的计量方式介绍几种常用的国际标准计量单位和我国的法定计量单位及其相互之间的换算。

1. 能源的实物量单位

由于各种能源形态不一，对能源实物量进行计量时，往往采用不同的计量单位，例如对固体能源采用质量单位，气体能源采用体积单位，而对于同一种能源，各个国家和地区所采用的计量单位也不一致。不同国家和地区对常用的能源实物量计量单位的采用情况见附录3。

2. 能量单位

能量的计量单位有许多种,具有确切定义和当量值的单位主要有以下三种,它们之间可以相互换算。

1) 焦耳(J)

焦耳的定义为:1 牛顿(N)的力作用于质点,使它沿力的方向移动 1 米(m)距离所做的功;或者用 1 安培(A)电流通过 1 欧姆(Ω)电阻 1 秒钟(s)所消耗的电能。

焦耳是《中华人民共和国法定计量单位》规定的表示能、功和热量的基本单位,用国际制单位表示为 N·m,用国际制基本单位表示为 $kg·m^2/s^2$。由于焦耳的数值很小,通常采用焦耳的倍数表示,如千焦耳($kJ,10^3J$),兆焦耳($MJ,10^6J$),吉焦耳($GJ,10^9J$)或太焦耳($TJ,10^{12}J$)。

2) 千瓦时(kW·h)

千瓦时是电量的计算单位,与焦耳的换算关系为:

$$1kW·h = 3.6 \times 10^6 J$$

由于千瓦时单位较小,通常采用兆瓦时(MW·h)、万千瓦时($10^4kW·h$)、吉瓦时(GW·h)、亿千瓦时($10^8kW·h$)。

3) 卡(cal)

卡的定义为:1 克(g)纯水在标准气压下,温度升高 1 摄氏度(℃)所需的热量。我国现行热量单位卡有 20℃卡(cal_{20})、国际蒸汽表卡(cal_{IT})及热化学卡(cal_{th})。

卡与焦耳的换算关系为

$$1cal(20℃) = 4.1816J$$
$$1cal_{IT} = 4.1868J$$
$$1cal_{th} = 4.1840J$$

1969 年,国际计量委员会建议废除卡作为热量单位。采用焦耳作为热量单位利于保证热量标准值准确一致的传递,既可消除因多种单位制和单位并存所造成的混乱,又可以减少大量计算和换算的麻烦。此外,因电能测试精度比水的比热容测量精度高,所以采用焦耳作为热量单位比卡作为热量单位更精确。

按照《中华人民共和国法定计量单位》的规定,为保证信息传递的一致性和准确性,在能源计量工作中采用法定计量单位。

3. 当量单位

不同能源的实物量是不能直接进行比较的。由于各种能源都有一种共同的属性,即含有能量,且在一定条件下都可以转化为热。为了便于对各种能源进行计算、对比和分析,可以首先选定某种统一的标准燃料作为计算依据,然后用各种能源实际含热值与标准燃料热值相比,得到能源折算系数,计算出各种能源折算成标准燃料的数量。所选标准燃料的计量单位即为当量单位。

国际上习惯采用的标准燃料有两种:一种是标准煤;另一种是标准油。由于我国能源结构是以煤为主,煤炭在全国的使用比较普遍和广泛,所以采用标准煤作为我国的当量单位。

下面就从能源热值的概念和标准燃料的规定开始,介绍标准煤和标准油的含义及能源实物单位与标准煤、标准油的换算关系。

1) 燃料热值

燃料燃烧时会释放出一定数量的热量,单位质量(指固体或液体)或单位体积(指气体)的燃料完全燃烧,燃烧产物冷却到燃烧前的温度(一般为环境温度)所释放出来的热量就是燃料热值,也叫燃料发热量。

燃料热值有高位热值与低位热值两种。

高位热值是指燃料在完全燃烧时释放出来的全部热量,即在燃烧生成物中的水蒸气凝结成水时的发热量,也称毛热,其值由测量获得。

低位热值是指燃料完全燃烧,其燃烧产物中的水以蒸汽状态存在时的发热量,也称净热。高位热值与低位热值的区别在于,燃料燃烧产物中的水是呈液态还是呈蒸汽态。呈液态时为高位热值,呈蒸汽状态时为低位热值。低位热值等于从高位热值中扣除水蒸气的凝结热,其值由计算获得:

$$Q_{dw} = Q_{gw} - \gamma W_{H_2O}$$

式中　Q_{dw},Q_{gw}——燃料的低位热值、高位热值,kJ/kg;

　　　　γ——水蒸气凝结热,kJ/kg;

　　　　W_{H_2O}——燃料燃烧产物中的水蒸气含量,kg/kg。

由于燃料大都用于燃烧,各种炉窑的排烟温度均超过水蒸气的凝结温度,不可能使水蒸气的凝结热释放出来,所以在能源利用中一般都以燃料的

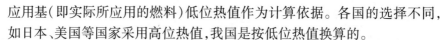

应用基(即实际所应用的燃料)低位热值作为计算依据。各国的选择不同,如日本、美国等国家采用高位热值,我国是按低位热值换算的。

煤和石油高、低位热值相差5%左右,天然气和煤气高、低位热值相差10%左右。

2)当量热值

当量热值亦称理论热值(或实际发热值),是指某种能源一个度量单位本身所含热量。当量热值的计算可根据试样在充氧的弹筒中(放有浸没氧弹的水的容器)完全燃烧所放出的热量进行实测(用燃烧后水温升高计算)。相对于等价热值,具有一定品位的某种能源的当量热值是固定不变的,如汽油的当量热值是42054kJ/kg,电的当量热值即是电本身的热功当量3600kJ/(kW·h)。

3)等价热值

等价热值是指为了获得一个度量单位的某种二次能源(如汽油、柴油、电力、蒸汽等)或耗能工质(如压缩空气、氧气、各种水等)所消耗的以热值表示的一次能源量。也就是消耗一个度量单位的某种二次能源,等价于消耗了以热值表示的一次能源。耗能工质是指生产过程中所消耗的不作原料使用,也不进入产品,制取时又需要消耗能源的工作介质。只有作为能量形式使用的耗能工质才具有等价热值和当量热值。

由于等价热值实质上是除当量热值外,加上了能源转换过程中的能量损失,因此等价热值是个变动值,它与能源加工转换技术有关。随着技术水平的提高,等价热值会不断降低,而趋向于二次能源所具有的能量。

等价热值 = 二次能源具有的热值(当量热值)/加工转换效率

= 加工转投入的一次能源具有的热量/二次能源产量

4)标准能源

标准能源是指将不同品种、不同质的能源按照规定的标准换算成同一热值标准计量单位的能源量。能源的主要属性是燃料,燃料燃烧释放热量,是不同燃料的共同属性。因此,采用热量作为能源的共同换算标准具有同质性和可比性。由于煤、油、燃气等各种能源质量不同,所含热值不同,为了各种能源的求和、对比和分析,必须将其换算成标准能源,比如通常使用的标准煤(煤当量)、标准油(油当量)。各国使用的标准能源单位不尽相同,除了标准煤、标准油以外,还有其他标准单位,比如标准气;还有直接以某种能源单位作为标准能源单位的,比如电力,即统一把其他能源换算成电力。

5)标准煤与标准油

标准煤(又称煤当量)是指按照标准煤的热当量计算各种能源量时所用的综合换算指标。标准煤迄今尚无国际公认的统一标准,1kg 标准煤的热当量值,联合国、中国、日本、俄罗斯和西欧部分国家等按照29.3MJ(7000kcal)计算,而英国则是根据用作能源的煤的加权平均热值确定的,一般按 25.5MJ(6100kcal)计算,所以同样是标准煤,由于热当量值的计算方法不同,差别相当大。

我国的 GB/T 2589—2008《综合能耗计算通则》规定,低位发热量等于29307kJ 的燃料,称为 1kg 标准煤。在统计计算中可采用 t、kt、Mt 标准煤等做单位。

标准油(又称油当量)是指按照标准油的热当量值计算各种能源量时所用的综合换算指标。与标准煤一样,到目前为止国际上也没有公认的油当量标准。中国采用的油当量(标准油)热值为 41.87MJ/kg(10000kcal/kg)。常用单位有吨油当量和桶油当量。

6)标准煤和标准油换算方法

要计算某种能源换算成标准煤或标准油的数量,首先要计算这种能源的换算系数,能源换算系数由下式计算:

$$能源换算系数 = 能源实际含热值 / 标准燃料热值$$

然后根据该换算系数,计算出具有一定实物量的该种能源换算成标准燃料的数量。计算公式为:

$$能源标准燃料数量 = 能源实物量 \times 能源换算系数$$

表 1-1 给出了油气田能耗统计中常用的能源换算标准煤参考系数。一般而言,各类能源的换算系数,应以实测确定为准,无法提供实测值的,可按国家统计局公布的换算系数进行换算。

表 1-1　油气田能耗统计常用能源折标煤参考系数(GB/T 2589—2008)

能源名称	平均低位发热量	换算标准煤系数
原煤	20908kJ/kg	0.7143kgce/kg
焦炭	28435kJ/kg	0.9714kgce/kg

能源名称	平均低位发热量	换算标准煤系数
原油	41816kJ/kg	1.4286kgce/kg
汽油	43070kJ/kg	1.4714kgce/kg
煤油	43070kJ/kg	1.4714kgce/kg
柴油	42652kJ/kg	1.4571kgce/kg
重油	41816kJ/kg	1.4286kgce/kg
油田天然气	38931kJ/m³	1.3300kgce/m³
气田天然气	35544kJ/m³	1.2143kgce/m³
液化石油气	50179kJ/kg	1.7143kgcc/kg
电力	3600kJ/(kW·h)当量值	0.1229kgce/(kW·h)
	按当年火电发电标准煤耗计算(等价值)	—

为了与世界接轨,同时便于和历史资料对比,我国统计制度明确规定,计算国家、省、市级的能源消费总量时,电力采用等价值;而基层企业计算能源消费量时,电力则采用当量值。因此,目前各省、市能源消费总量都是采用等价值口径核算的,而工业企业能源消费量是采用当量值口径核算的,两者间由于电力的换算标准煤系数不同,能源消费总量会有差别。

三、节能

1. 节能概念

《中华人民共和国节约能源法》中定义,节能是指加强用能管理,采取技术上可行、经济上合理以及环境和社会可以承受的措施,减少从能源生产到消费各个环节中的损失和浪费,更加有效、合理地利用能源。其中,技术上可行是指在现有的技术基础上可以实现;经济上合理是指要有一个合适的投入产出比;环境可以接受是指要节能,还要减少环境污染,其指标要达到环保要求;社会可以接受是指不影响正常的生产与生活水平的提高;有效就是要降低能源的损失与浪费。节能是我国实现可持续发展的一项长远战略方针。

节能分为广义节能和狭义节能。狭义节能是指节约煤、油、电、气等能源;广义节能是指除狭义节能内容之外,还包括节约原材料、运力、人力、资金,提高作业效率等各个方面。

就狭义节能的内涵而言,包含了从能源资源的开发、输送分配、转换(电力、蒸汽)或加工(成品油、煤气)为二次能源,直到用户的消费等各个环节中节约能源的具体问题。狭义节能又可分为直接节能和间接节能两种方式。

(1)直接节能。

直接节能是指通过加强能源的科学管理,推动技术进步,在满足生产和生活同等需要的条件下,直接减少的能源消耗量。直接节能包括技术节能和管理节能两个部分。

① 技术节能,即通过改革低效率的生产工艺,综合利用新工艺、新设备、新技术,提高能量有效利用率实现节能。

② 管理节能,即在能源系统流程各环节中加强管理、减少储存、运输、使用过程中的跑、冒、滴、漏等不必要的损失所实现的节能。

直接节能的标志就是与基期相比,单位产品能耗降低、能量利用效率提高、能源加工转换效率提高等。比如生产同样数量、质量的产品所消耗的能源减少;产品达到相同使用目的所消耗的能源减少;投入相同数量、质量的一次能源所产出的二次能源数量增加、质量提高,等等。

(2)间接节能。

间接节能通常称作结构节能,是相对直接节能而言的,具体反映在除直接节能原因外的单位产值能耗的降低上。它是在国民经济的发展过程中,由于结构(产业、行业、产品结构)变化,高耗能行业、产品所占比重降低,生产等量社会财富所消耗的能源减少而实现节能。所以这种节能通常称为"少用"了能源。评价结构节能的效果时,通常假定技术、管理条件不变。间接节能的标志是经济结构向轻型化、高新技术化、低能耗化方向发展。

间接节能的范围很广,主要包括调整经济结构(如产业结构、企业结构、产品结构和能源消费结构),合理组织生产,节约原材料和其他消耗品,提高资源综合利用效益等内容。

2. 能源消耗、节能量与节能率

1)能源消耗

能源消耗(简称"能耗")是指规定的体系在一段时间内所消耗的能源

数量,称为能源消耗量。

能耗可分为实物能耗和综合能耗。

（1）实物能耗。

实物能耗是指规定的耗能体系在一段时间内实际所消耗的各种能源实物量。

（2）综合能耗。

综合能耗是指规定的耗能体系在一段时间内,实际消耗的各种能源实物量按规定的计算方法和单位分别折算为一次能源后的总和。对企业,综合能耗是指统计报告期内,主要生产系统、辅助生产系统和附属生产系统的综合能耗总和。企业中主要生产系统的能耗量应以实测为准。

GB/T 2589—2008《综合能耗计算通则》规定,计算综合能耗时,各种能源换算为一次能源的单位为标准煤当量。该类指标分为四种,即综合能耗、单位产值综合能耗、产品单位产量综合能耗、产品单位产量可比综合能耗。

① 单位产值综合能耗。

单位产值综合能耗是指在统计报告期内,综合能耗与期内用能单位总产值或工业增加值的比值。

② 产品单位产量综合能耗。

产品单位产量综合能耗是指在统计报告期内,用能单位生产某种产品或提供某种服务的综合能耗与同期该合格产品产量（工作量、服务量）的比值。

产品单位产量综合能耗简称单位产品综合能耗。

注:产品是指合格的最终产品或中间产品;对某些以工作量或原材料加工量为考核能耗对象的企业,其单位工作量、单位原材料加工量的综合能耗的概念也包括在本定义之内。

③ 产品单位产量可比综合能耗。

产品单位产量可比综合能耗是指为在同行业中实现相同最终产品能耗可比,对影响产品能耗的各种因素加以修正所计算出来的产品单位产量综合能耗。

2）节能量

节能量实际上就是在达到同等目的情况下,即在完成相同的产品、产值、工作量的前提下,所少消耗的能量,包括由于提高管理水平和技术水平而使单位产品（或产值）能源消耗量下降的直接节约的能源数量,以及由于调整产业结构、产品结构等使单位产值能源消耗量下降的间接节约的能源数量。

SY/T 6838—2011《油气田企业节能量与节水量计算方法》中对节能量及其计算方法有如下规定：

（1）节能量。

满足同等需要或达到相同目的的条件下，能源消费减少的数量。

（2）油气田企业节能量。

油气田企业统计报告期内能源消耗量与按比较基准计算的能源消耗量之差。

（3）产品节能量。

用统计报告期产品单位产量能源消耗量与基期产品单位产量能源消耗量的差值和报告期产品产量计算的节能量。

（4）产值节能量。

用统计报告期单位产值能源消耗量与基期单位产值能源消耗量的差值和报告期产值计算的节能量。

（5）技术措施节能量。

企业实施技术措施前后能源消耗变化量。包括以单耗降低为依据的技术措施节能量和以效率提高为依据的技术措施节能量。

（6）油气产品节能量。

用统计报告期油气产品单位产量能源消耗量与基期油气产品单位产量能源消耗量的修正值的差值和报告期油气产品产量计算的节能量。

（7）油气产值节能量。

用统计报告期单位油气产值能源消耗量与基期单位油气产值能源消耗量的修正值的差值和报告期油气产值计算的节能量。

3）节能率

节能率是统计报告期单位产量（产值或工作量）能耗比目标值的降低率。它是反映能源节约程度的综合指标。

我国的 GB/T 13234—2009《企业节能量计算方法》中规定，节能率是指统计报告期比基期的单位能耗降低率，用百分数表示。节能率包括产品节能率和产值节能率等。

3. 能源效率

能源效率分为开采效率、加工和转换效率、储运效率以及终端利用效率。通常所说的"能源效率"是指后三个环节的总效率,四个环节的效率乘积是"能源系统总效率",即为终端用户提供服务的效率。研究节能问题应从能源系统全过程入手,系统地分析"能源系统总效率"。

开采效率即回采率或采收率,用从一定能源储量中开采出来的产量的热值与储量的热值之比来衡量。

能源加工与转换是密切相关的,"加工"是指煤、石油、天然气、铀矿等的精选和炼制,"转换"则包括炼焦、发电、产热以及汽化和液化等一次能源变成二次能源的过程。"加工和转换效率"是加工和转换出来的能源产量与投入的能源产量之比,其差额即加工转换过程中损失和耗用的能源。

储运效率用能源输送、分配和储存过程中的损失来衡量,一般不包括自身消耗的能源,但输电线路中的变压器和管道输送泵所消耗的能源要计算在内。

终端利用效率是终端用户得到的有用能与过程开始时输入的能源量之比。

终端利用效率的计算是个复杂的问题。因为终端用户所需的能源服务通常是以热、光或机械能的形式提供的。从物理观点看,这些能源是全部用完的,即输出等于输入,效率为100%。从不同角度来计算终端利用效率,相差极大。例如,白炽灯输出的有用能,按光通量计算,效率很低;若按发出的热量计算,效率高达95%以上。由于一些国家计算方法不同,导致数据有很大的出入,所以进行国际比较就很困难。这三项终端用途的能源消费量约占一次能源总消费量的30%,对总的能源效率就有很大的影响。

正确计算能源效率水平,可以预测能源系统各个环节的节能潜力,各项主要技术的进展和节能率以及其推广应用的范围和经济性,为节能规划提供依据。

四、节水

1. 水资源概念

水资源是一种自然资源。《中华人民共和国水法》第一章第二条中规定水资源包括"地表水和地下水";《环境科学词典》定义水资源为:特定时空下可利用的水,是可再利用资源,不论其质与量,水的可利用性是有限制条件的。

总体来说,水资源可以理解为人类长期生存、生活和生产活动中所需要的各种水,既包括数量和质量含义,又包括使用价值和经济价值。从广义上讲,凡是对人类有直接或间接使用价值,能作为生产资料或生活资料的天然水体,都可称为水资源。这种广义的水资源把地表水、地下水和土壤视为一个整体,常用"大气降水",即降水量来表示广义水资源的数量。从狭义上讲,凡是人类能够直接使用的水,具体的是指水在循环过程中,降落到地面形成径流,流入江河,存留在湖泊中的地表水和渗入地下的地下水,都称为狭义的水资源,一般用河川径流量来表示狭义水资源数量。

2. 水资源基本特征

水是自然界的重要组成物质,具有许多自然特性和独特的功能,只有充分认识水资源的特点,才能有效合理地利用它。水资源具有的基本特征:资源循环性;储量有限性;分布波动性和不均匀性;用途广泛和不可替代性;利、害两重性;地表水和地下水的相互转化性。

3. 节约用水

节约用水(简称节水)是指通过加强用水管理,采用技术上可行、经济上合理、符合环保要求的节约和替代等多种措施,对有限的水资源进行的合理分配与优化利用,减少和避免生产及辅助生产过程中水的损失和浪费,高效、合理利用水资源。对石油石化企业来说,节约措施主要包括提高水的循环利用率、一水多用、分质用水、回收蒸汽冷凝水以及减少供水管网泄漏等;替代措施主要包括以回用的污水(废水)替代所需新鲜水、以海水或微咸水替代新鲜水以及以空冷替代水冷等。

4. 节水术语和定义

SY/T 6722—2008《石油企业耗能用水统计指标与计算方法》和Q/SY 61—2011《节能节水统计指标术语及计算方法》中对部分节水术语和定义以及计算方法做了规定。

(1)新鲜水用量。

企业从各种水源提取的被第一次利用的水量,包括地表水、地下水(不

包括海水、苦咸水和污水等），以及企业外购的其他水或水的产品（如自来水、蒸汽、化学水等），不包括企业外供的水和水的产品（如自来水、蒸汽、化学水等）。

（2）单位增加值新鲜水用量。

企业新鲜水用量与企业增加值之比。

（3）单位产值新鲜水用量。

企业工业生产的新鲜水用量与工业总产值之比。

（4）原油（气）液量生产新水量。

油田企业生产取用的工业新水量与产液量的比值。

（5）节水量。

在达到同等目的的情况下，即在生产相同的产品、完成相同的处理量或工作量的前提下，节约的新水量，包括由于提高管理水平和技术水平而使单位产品新水量下降所直接节约的新水量。

（6）节水价值量。

节水量与平均新水单价的乘积。

第二节 法 律 法 规

法律法规是节能减排的重要制度保障。在目前的经济与体制环境下，我国政府一方面利用行政手段强力推动节能减排工作，同时适应市场经济的要求，不断把行政命令上升为法律法规，借助经济规律的力量推进节能减排目标的实现。

一、国家法律法规及规章制度

我国颁布施行的有关节能节水及统计的法律法规有《中华人民共和国统计法》《中华人民共和国节约能源法》《中华人民共和国电力法》《中华人民共和国矿产资源法》《中华人民共和国煤炭法》《中华人民共和国可再生能源法》《中华人民共和国清洁生产促进法》《中华人民共和国循环经济促进法》《中华人民共和国水法》等。

有关管理办法和规定有《节能减排统计监测及考核实施方案和办法》

《中华人民共和国国民经济和社会发展第十二个五年规划纲要》《"十二五"节能减排综合性工作方案》《关于印发万家企业节能低碳行动实施方案的通知》《关于实行最严格水资源管理制度的意见》以及《"十二五"节能环保产业发展规划》等。

1. 中华人民共和国节约能源法

《中华人民共和国节约能源法》(以下简称《节能法》),1997年11月1日经第八次全国人民代表大会常务委员会第二十八次会议通过,2007年10月28日经中华人民共和国第十届全国人民代表大会常务委员会第三十次会议修订通过,2008年4月1日起实施。

《节能法》的颁布实施主要有三个目的:一是通过节能立法来规范和调整全社会在能源利用过程中的各种权利和义务,以推进全社会合理使用和节约能源;二是通过立法规范用能、节能行为,提高我国能源利用效率和经济效益,以保障国民经济的可持续发展,满足人民生活需要;三是通过节能立法来促进环境保护,以实现经济建设与环境保护的协调发展,这也是我国实施可持续发展战略的必然选择。

《节能法》以法律形式确定了节约能源的基本原则、制度和行为规范,是开展节能工作的重要法律依据。《节能法》的立法宗旨:"为了推进全社会节约能源,提高能源利用效率和经济效益,保护环境,保障国民经济和社会发展,满足人民生活需要,制定本法。"

《节能法》对如何实施节能管理做了明确规定,其主要内容和制度如下:(1)要建立健全用能单位节能工作责任制度;(2)固定资产投资工程项目合理用能的保障制度;(3)节能标准和能耗限额制度;(4)对用能产品实行生产行业节能监督与节能质量认证制度;(5)节能统计制度;(6)重点用能单位管理制度;(7)节能工作制度的建立。

《节能法》使节约资源成为我国基本国策。修订后的《节能法》进一步完善了我国的节能制度,规定了一系列节能管理的基本制度,如实行节能目标责任制和节能考核评价等制度,国务院和县级以上地方各级人民政府每年向本级人民代表大会或者其常务委员会报告节能工作,省、自治区、直辖市人民政府每年向国务院报告节能目标责任的履行情况;实行固定资产投资项目节能评估和审查制度等。

2. 中华人民共和国水法

1988 年 1 月 21 日第六届全国人民代表大会常务委员会第二十四次会议通过《中华人民共和国水法》(简称原水法),是新中国第一步规范水事活动的基本法,标志着我国水资源管理步入了法制轨道。原水法的颁布实施,规范了水资源开发利用、保护、管理、防治灾害,对促进水利事业的发展,发挥了积极作用。但是,随着形势的发展和我国水资源问题的日益突出,原水法的一些规定已经不能适应实际的需要,主要是:在水资源开发利用中重开源、轻节流和保护,重经济效益、轻生态和环境保护;水资源管理体制不顺,流域管理缺乏相应的法律地位,影响了水资源的合理配置和综合效益的发挥;水资源管理制度不完善,特别是在节约用水、计划用水和水资源保护方面的法律制度不完善,致使水资源浪费和污染严重;水权和水资源有偿使用制度不完善,影响了水资源的优化配置;规定的法律责任可操作性不强,对违法行为打击力度不够,给执法工作造成了困难。

2002 年 8 月 29 日九届全国人大常委会第二十九次会议审议通过了《中华人民共和国水法(修订案)》(简称新水法),于 2002 年 10 月 1 日起施行。新水法是在总结了我国原水法实施 10 多年的经验,结合考虑我国目前的新形势、新问题及未来我国可持续发展要求的情况下制定的,它为我国实现水资源的合理开发和可持续利用提供了法律保障。新水法与原水法相比,突出节约用水的特点。

(1)在水资源利用目标上,新水法明确要"发展节水型工业、农业和服务业,建立节水型社会"。

(2)在水资源利用的指导思想上,新水法明确了"开源与节流相结合、节流优先和污水处理再利用的原则","国家厉行节约用水,大力推行节约用水措施"。

(3)新水法强调加强政府的节水职责,要求"各级人民政府应当采取措施,加强对节约用水的管理,建立节约用水技术开发推广体系,培育和发展节约用水产业"。

(4)在合理配置水资源方面,新水法要求"国民经济和社会发展规划以及城市总体规划的编制、重大建设项目的布局,应当与当地水资源条件的防洪要求相适应,并进行科学论证;在水资源不足的地区,应当对城市规模和建设耗水量大的工业、农业和服务业项目加以限制"。要求按流域和区域制定节约用水规划;要求"制定年度水量分配方案和调度计划"。

(5)新水法明确提出了在节水管理工作中要实行一系列的节水制度。如建设项目实行"节水设施应与主体工程同时设计、同时施工、同时投产"的制度;"国家对用水实行总量控制和定额管理相结合的制度";实行计量、计划、有偿用水,"用水实行计量收费和超定额累进加价制度";农业实行"应当推行节水灌溉方式和节水技术,对农业蓄水、输水工程采取必要的防渗漏措施,提高农业用水效率";"工业用水应当采用先进技术、工艺和设备,增加循环用水次数,提高水的重复利用率","国家逐步淘汰落后的、耗水量高的工艺、设备和产品",城市"推广节水型生活用水器具,降低城市供水管网漏失率,提高生活用水效率;加强城市污水集中处理,鼓励使用再生水,提高污水再生利用率"等。

为进一步加强工业节水工作,缓解我国水资源的供需矛盾,遏制水环境恶化的势头,促进工业经济与水资源及环境的协调发展,2000 年国家制定了《关于加强工业节水工作的意见》。文件中指出,节水工作的指导方针为:节流优先,治污为本,提高用水效率。在重点抓好火力发电、纺织、石油化工、造纸、冶金等高耗水行业节水工作的同时,对全部工业企业节水工作实施指导,全面推进节水型企业建设。

3. 中华人民共和国统计法

《中华人民共和国统计法》(以下简称《统计法》)由中华人民共和国第十一届全国人民代表大会常务委员会第九次会议于 2009 年 6 月 27 日修订通过,自 2010 年 1 月 1 日起施行。《统计法》的颁布实施主要有两方面目的:一是国家建立统一的统计体系,实行统一领导、分级负责的统计管理体制;二是加强统计科学研究,健全科学的统计指标体系,不断改进统计调查方法,提高统计的科学性。

《统计法》要求:企事业单位应当设置原始统计记录、统计台账,建立健全统计资料的审核、交接和档案管理等制度;如实提供统计资料,不得虚报、瞒报、拒报、迟报、伪造、篡改;统计人员实行工作责任制,依照统计法和统计制度的规定,如实提供统计资料,准确及时完成统计工作任务,保守国家秘密。同时,统计人员依照《统计法》规定,独立行使统计调查、统计报告、统计监督的职权,不受侵犯。企事业单位,应当依照国家规定,评定统计人员的技术职称,保障有技术职称的统计人员的稳定性。石油石化企业节能节水统计工作要按照要求,认真完成定期报表填报,同时做好不定期的统计调查和统计分析,如节能节水统计潜力调查分析等。在保密原则下适时公布统计资料和分析结果,以更好地发挥节能节水统计工作的信息、咨询和监督作用。

4. 重要规章制度

为了落实完成国家"十一五"规划纲要提出的重要约束性指标,2007 年 11 月 17 日,国务院批转《节能减排统计监测及考核实施方案和办法》(国发〔2007〕36 号),《节能减排统计监测及考核实施方案和办法》是由国家发展改革委员会、国家统计局和国家环境保护总局分别会同有关部门制定的,主要包括《单位 GDP 能耗统计指标体系实施方案》《单位 GDP 能耗监测体系实施方案》《单位 GDP 能耗考核体系实施方案》等三个方案和《主要污染物总量减排统计办法》《主要污染物总量减排监测办法》《主要污染物总量减排考核办法》等三个办法。《节能减排统计监测及考核实施方案和办法》要求要充分认识建立节能减排统计、监测和考核体系的重要性和紧迫性。截至 2010 年,单位 GDP 能耗降低 20% 左右、主要污染物排放总量减少 10% ,是国家"十一五"规划纲要提出的重要约束性指标。建立科学、完整、统一的节能减排统计、监测和考核体系(以下称"三个体系"),并将能耗降低和污染减排完成情况纳入各地经济社会发展综合评价体系,作为政府领导干部综合考核评价和企业负责人业绩考核的重要内容,实行严格的问责制,强化政府和企业责任,是确保实现"十一五"节能减排目标的重要基础和制度保障。各地区、各部门要从深入贯彻落实科学发展观,加快转变经济发展方式,促进国民经济又好又快发展的高度,充分认识建立"三个体系"的重要性和紧迫性,按照"三个方案"和"三个办法"的要求,全面扎实推进"三个体系"的建设。

要切实做好节能减排统计、监测和考核各项工作。要逐步建立和完善国家节能减排统计制度,按规定做好各项能源和污染物指标统计、监测,按时报送数据。要对节能减排各项数据进行质量控制,加强统计执法检查和巡查,确保各项数据的真实、准确。严肃查处节能减排考核工作中的弄虚作假行为,严禁随意修改统计数据,杜绝谎报、瞒报,确保考核工作的客观性、公正性和严肃性。要严格遵守节能减排考核工作纪律,对列入考核范围的节能减排指标,未经统计局和环保总局审定,不得自行公布和使用。要对各地和重点企业能耗及主要污染物减排目标完成情况、"三个体系"建设情况以及节能减排措施落实情况进行考核,严格执行问责制。

国务院 2011 年发布了《关于印发节能减排综合性工作方案的通知》(国发〔2011〕26 号)。《"十二五"节能减排综合性工作方案》提出了 43 项具体政策措施,涵盖了结构调整,加大行政管理力度,实施节能环保重点工程,加强节能减排投入,加强节能减排技术研究开发与推广应用,加快建立节能技术服务体系,推进资源节约与综合利用,深化循环经济试点,加强节能减排技术标准建设和监督管理体系,加大税收、投融资、价格收费等经济调控手段的改革力度,加强立法管理和宣传等诸多方面。方案规定了节能减排责任、执法监管和统一考核工作,建立了节能减排领导协调机制,逐步形成实现以政府为主导、企业为主体、全社会共同推进的节能减排工作格局。《"十二五"节能减排综合性工作方案》是对节能减排领域一系列重大政策方针的延伸与细化,既与"十一五"规划提出的节能降耗和污染减排目标保持了连贯一致性,又在操作层面赋予了实质内容。国务院发布《关于印发节能减排综合性工作方案的通知》打响了节能减排的发令枪,体现了国家对环保的重视。在政策监督下,未来遏制高耗能高污染行业过快增长,加快淘汰落后生产能力,加快能源结构调整将成为节能减排工作的重要内容。

2011 年 3 月新华社发布的《中华人民共和国国民经济和社会发展第十二个五年规划纲要》和 2011 年 8 月国务院办公厅印发的《"十二五"节能减排综合性工作方案》,提出了我国"十二五"期间单位 GDP 能耗降低 16%、单位 GDP 二氧化碳排放降低 17% 的约束性指标,以及分省控制目标。

2011 年 12 月《关于印发万家企业节能低碳行动实施方案的通知》(发改环资〔2011〕2873 号)将年综合能源消费量 1×10^4 tce 以上以及有关部门指定的年综合能源消费量 5000tce 以上的重点用能单位纳入万家企业节能低碳行动。并提出了"十二五"期间各地区万家企业节能量目标。

2012 年 1 月,国务院发布了《关于实行最严格水资源管理制度的意见》,这是继 2011 年中央 1 号文件和中央水利工作会议明确要求实行最严格水资源管理制度以来,国务院对实行该制度作出的全面部署和具体安排,是指导当前和今后一个时期我国水资源工作的纲领性文件。对于解决我国复杂的水资源、水环境和实现经济社会的可持续发展问题具有深远意义和重要影响。2013 年 1 月 2 日,国务院办公厅发布《实行最严格水资源管理制度考核办法》。自发布之日起施行。

2012年6月,国务院印发的《"十二五"节能环保产业发展规划》明确指出,在"十二五"期间,要完善法规标准,建立健全节能环保法律法规体系,逐步提高重点用能产品能效标准,完善污染物排放标准体系,充分发挥标准对产业发展催生促进作用。

二、标准规范

近年来,石油工业节能标准化工作取得了一定进展。按照国家一系列节能方针和政策的要求,根据石油工业节能技术和管理的特点,完成了多项石油工业方面的节能节水行业标准和企业标准的制定,提高了石油企业节能工作的管理水平,使之逐步走上了标准化的轨道。

1. 国家标准

GB/T 6422—2009《用能设备能量测试导则》规定了用能设备能量测试的基本要求、测试条件、测试方法及测试报告。适用于用能设备、装置及系统的能量测试。

GB/T 13234—2009《企业节能量计算方法》规定了企业节能量的分类、企业节能量计算的基本原则、企业节能量的计算方法及节能率的计算方法。

GB/T 2589—2008《综合能耗计算通则》规定了综合能耗的定义和计算方法,规范了用能单位能源消耗指标的核算和管理。

2. 行业标准

SY/T 6838—2011《油气田企业节能量与节水量计算方法》规定了油气田企业节能量和节水量计算的基本原则、计算方法。适用于油气田企业油气生产、工程技术、工程建设、装备制造等业务节能量和节水量的计算。

SY/T 6722—2008《石油企业耗能用水统计指标与计算方法》规定了石油企业生产耗能、用水的主要统计指标与计算方法。适用于油(气)田、长输管道及其他石油企业的耗能、用水管理。

SY/T 5264—2012《油田生产系统能耗测试和计算方法》规定了油田生产系统中的机械采油系统、原油集输系统、注水系统、注聚合物系统的主要耗能设备、单元以及系统的能耗测试和计算的要求及方法。适用于上述系统的主要耗能设备、单元以及系统的能耗测试和计算。

3. 企业标准

根据《中国石油天然气集团公司节能统计指标体系及计算方法(试行)》(中油计〔2008〕479),Q/SY 61—2011《节能节水统计指标及计算方法》界定了集团公司节能节水统计指标的定义,并给出了计算方法。

三、中国石油节能节水管理办法和统计管理规定

集团公司为加强节能节水工作,提高能源和水资源的利用效率,依据《中华人民共和国节约能源法》《国务院关于加强节能工作的决定》等法律法规和有关规定,于 2008 年 9 月 27 日制定了《中国石油天然气集团公司节能节水管理办法》(以下简称《管理办法》)。

《管理办法》中明确集团公司节能节水工作的主要任务是:贯彻执行国家有关节能节水的法律法规和方针政策,围绕建设综合性国际能源公司的发展要求,以科学发展观为指导,坚持开发与节约并重、节约优先的原则,加快建设资源节约型企业,通过理念节能、机制节能、技术节能和管理节能,促进集团公司又好又快发展。

《管理办法》中规定集团公司实行节能节水定期统计报告制度,包括季报、半年报和年报。所属企业应做好能源消耗、水资源消耗、主要产品(工作量)单耗、主要装置能耗等的统计、分析、核查工作,建立健全用能用水统计台账和有关基础数据资料档案,按规定报送统计报表和统计分析报告。所属企业应加强能源和水资源消耗定额管理,制定主要装置、主要设备、主要产品(工作量)的用能用水定额指标,实行生产经营全过程能源和水资源消耗成本管理;应当依据国家有关计量法律法规和标准,建立健全能源和水资源计量管理体系,合理配备计量器具和仪表,完善计量台账,加强对能源和水资源计量仪表的检定(校准)管理和计量数据管理,做到计量核算、计量考核;应积极参与有关节能节水国家标准、行业标准和集团公司企业标准的制修订工作,并严格执行有关用能用水标准;应当不断完善监测手段,建立健全节能节水监测体系,利用自身的监测力量或委托具有相应资质的监测技术机构,对主要耗能用水设备、装置、系统定期实施节能节水监测,进行能源和水资源利用状况评价。

《管理办法》强化了节能节水专项投资项目的全过程管理,对于投资项

目的可行性研究报告和初步设计文件中无"节能节水篇(章)"或经审查达不到要求的,项目主管部门不予受理或批准建设。加强对节能节水的监测管理,鼓励、支持节能节水领域科学技术进步,鼓励建立和完善合同能源管理等。同时,集团公司实行节能节水目标责任制和节能节水考核评价制度,将节能节水目标完成情况纳入业绩考核。所属企业应逐级分解落实节能节水目标,严格考核。办法中第二十八条规定:"集团公司统一组织对节能节水型企业创建工作进行考核评比。对被评为节能节水型企业的,予以表彰;对被评为节能节水型先进企业的,予以表彰奖励。"据此,2013 年制定发布了《中国石油天然气集团公司节能节水先进评选办法》(中油安〔2013〕21 号)。

根据《管理办法》的相关要求,为加强集团公司节能节水统计工作,提高能源和水资源利用的管理水平,依据《中华人民共和国统计法》《中华人民共和国节约能源法》等法律法规,集团公司于 2010 年 12 月发布了《中国石油天然气集团公司节能节水统计管理规定》(质量〔2010〕881 号)(以下简称《管理规定》)。《管理规定》明确了节能节水统计工作的主要任务、统计内容以及管理要求等。有关该规定的详细叙述请参见本教材第二章第三节有关内容。

第三节　油气田生产

一、油田生产

1. 机采系统

1)生产工艺

机械采油方式根据其工作原理不同可分为气举采油、有杆泵采油、无杆泵采油三种方式。

(1)气举采油。

气举采油是自喷采油方式的延续,其原理为:将高压气注入井下,增加被采油量,形成井下和地面的压力差,以能量释放的形式采油。适用于出砂、气液比高、大斜度海上平台,具有井口装置简单,占地面积小等优点。但气源不足会限制气举方式的使用。一般气举方式可分为连续气举、间歇气举、柱塞气举三种方式。

(2)有杆泵采油。

有杆泵采油方式主要有抽油机有杆泵和地面驱动螺杆泵两种。抽油机采油方式目前占主导地位,约占机械采油井数的 90% 左右,其工艺配套较完善且技术进步很快,已形成了机、泵的系列配套技术。目前的生产测试、设计、诊断等技术能基本解决生产过程中的难题,已被各采油单位普遍接受,并广泛应用。其优点是:技术成熟、工艺配套、设备耐用、性能可靠、适用范围大。缺点是:深抽和排量受限,特别是大排量受到限制,杆管疲劳、偏磨使得系统故障率提高。地面驱动螺杆泵是一种新发展起来的容积泵,适用于低产浅井,其优点是地面设备体积小,对出砂、气不敏感,可适应高油气比出砂井,对黏度不是过高的油井也能适用。其缺点是泵的寿命短,最大井深一般在 1500m 以下,诊断和生产测试等管理技术还有待于进一步配套。

(3)无杆泵采油。

无杆泵采油技术包括电动潜油泵、水力活塞泵、射流泵等。

电动潜油泵适用于大排量的中深井,其优点是:排量大,操作管理简单,能实现大排量举升,且单位成本较低;能在同一井内,将水层的水注到相邻的油层去,简化了注水工艺,节约了投资和运行费用;地面设备体积小,适合海上平台使用。其缺点是:举升高度受电动机功率和流体温度限制,初期资金投入和运行费用较高,对气体敏感,可能使举升效率降低;抗高温、腐蚀、磨蚀能力较差,不能下到射孔段以下,不利于电动机散热,除非采用护罩引导油流通过电动机。

水力活塞泵能从很深的井中大排量采油,耐温性好。其优点是:浅抽时可提供相当的排量,而深抽时比其他人工举升方法提供的排量都高;调参、检泵操作简单,运行费用较低;由于接入高温动力液有利于稠油和高凝油的开采,中心控制泵站可集中控制许多油井,便于进行化学防腐和采取阻垢措施,而且井口简单,适合海上平台使用。其缺点是:初期投资高,需要高压设备、管网和井口,还必须有动力液处理设备;由于地面和井下设备较精密,在腐蚀和磨蚀环境下泵和设备的使用寿命都会降低;用油作动力液到中高含水期会加大油水处理量,增加扩建投资和运行费用,增加成本。在污水回注的油田,一般应在适当时机改用水基动力液,但要尽可能与污水水质加入的添加剂相结合,提高水基动力液质量,也可改用清水为动力液。计量误差大、生产测试工艺不配套是它的致命缺点。

射流泵采油是一种较晚发展起来的采油方式,20世纪70年代,由于泵设备的改进和设计造型计算机化,此种采油方式才逐步得到推广应用。其优点是:射流泵没有运动件,故障率低,可使用与水力活塞泵相同的工作筒,是惟一能满足深抽大排量的采油方式。缺点是:这种泵是一种高速混合装置,泵内存在严重的漏流和摩擦,其系统效率较其他方式低。其余缺点同水力活塞泵。

2) 主要耗能环节

机采系统是油田电力消耗大户,目前集团公司机采系统电力消耗约占油气田业务电力消耗的50%。机采系统电力消耗主要在以下几个环节:

(1) 抽油机系统电动机损失。

一般的电动机在输出功率为(60% ~ 100%)额定功率的条件下工作时,其效率接近于额定效率,约在90%左右,即电动机损耗约占10%。抽油机电动机的负荷变化十分剧烈而频繁。在抽油机的每一冲程中,电动机的输出功率出现两次瞬时功率极大值和极小值,极大值可超过额定功率,而极小值一般为负功率,即电动机不仅不输出功率,反而由抽油杆拖动而发电。因此电动机的输出功率的变化远远超出了(60% ~ 100%)额定功率的范围,特别是当抽油机平衡不良时,其电动机甚至可能在(−20% ~ 120%)额定功率的范围内变化,这时电动机的效率降低,损耗也必然增大。从现场实测看,电动机的损耗有的高达30% ~ 40%。因此,抽油机在一个冲程中,大多数时间里电动机处于轻载运行,即所谓"大马拉小车"的情况,其效率和功率因数都很低,这就造成较大的能量损失。

(2) 皮带传动损失。

皮带传动损失可分为两类,一类是与载荷无关的损失,包括绕皮带轮的弯曲损失,进入与退出轮槽的摩擦损失,多条皮带传动时,由于皮带长度误差及轮槽误差造成的损失。另一类是与载荷有关的损失,包括弹性滑动损失,打滑损失,皮带与轮槽间径向滑动摩擦损失等。其传动效率的高低主要与皮带的选型、皮带的涨紧程度、质量、皮带轮包角以及抽油机的平衡有关。目前采油厂使用的皮带多为V形联带和V形单带,其传动效率较高,理论上可以达到98%左右,但如果主动轮和从动轮不能做到"四点一线",皮带松紧不合适,将严重影响皮带的传动效率。

（3）减速箱损失。

减速箱损失包括轴承损失和齿轮损失。

减速箱中有三对轴承，一般为滚动轴承，一对轴承的损失约为1%，减速箱三对轴承的损失约为3%。减速箱中的齿轮在传动时，相啮合的齿面间有相对滑动，因此就要发生摩擦与功率损失。一对齿轮传动功率损失约为2%，抽油机减速箱三对齿轮的传动损失为6%。所以减速箱总的功率损失为9%~10%，即传动效率为90%左右。这是在润滑良好情况下的数据，如果减速箱润滑不良，则功率损失增加，效率下降。从工程角度上看，目前大功率减速器的传动效率比较高。

（4）连杆机构损失。

四连杆机构损失主要包括摩擦损失和驴头钢绳变形损失。摩擦损失主要由轴承引起，驴头钢绳变形损失是由钢绳与驴头接触发生挤压变形，同时悬点载荷周期性变化反复被拉伸引起。由此可见加强检查、保养是保证四连杆机构高效传动的重要因素，其效率最高可达到95%以上。

近年来出现了许多抽油机的平衡方式。采用这些平衡方式能不同程度地改善曲柄轴净扭矩曲线，降低曲柄轴轴距的峰值，减小扭矩曲线的波动。

实践证明，通过合理的调整平衡，每口油井平均可节约有功功率0.3~1.5kW，节电效果显著。每口井都有节电的平衡度最佳点，以90%最为经济。通过调节平衡来节约电耗，少投入，多产出。

（5）密封盒损失。

密封盒损失主要是光杆与密封盒间的摩擦损失。抽油机工作时，由于光杆与密封盒中的填料有相对运动产生摩擦，造成功率损失。该项功率损失与光杆运动速度和摩擦力成正比。密封盒密封属于接触密封，接触力使密封件与被密封面接触处产生摩擦力，一般摩擦力随工作压力、压缩量、密封材质和填料的硬度以及接触面积的增大而增大，随温度的升高而减小。正常情况下，密封盒损失不大。如果抽油机安装不对，光杆与密封盒的摩擦力将成倍增加。日常生产和管理中，正确调整密封圈松紧度也能显著提高节电效益。

（6）抽油杆损失。

抽油杆的损失主要包括弹性损失和摩擦损失。其中摩擦损失是由抽油杆与油管之间的摩擦引起的，与泵挂深度、原油黏度成正比，与运动速度的平方成正比。有效防止油杆偏磨、选择材质较好的油杆、合理优化泵挂深度是提高抽油杆传动效果的重要因素。

（7）抽油泵损失。

抽油泵的损失包括摩擦损失、容积损失和水力损失三种。摩擦损失是指柱塞与衬套之间的摩擦产生的损失；容积损失是指柱塞与衬套之间的漏失造成的损失；水力损失是指原油流经泵阀时由于水力阻力引起的损失。原油黏度较高时以摩擦损失为主，较低时以漏失损失为主。

（8）管柱损失。

管柱损失主要包括容积损失和水力损失两种。容积损失由油管漏失引起，主要原因是作业质量问题和螺纹漏失。水力损失是原油沿油管流动造成，其原因是抽油机上冲程，游动阀关闭，油柱向上运动与油管内壁发生摩擦。

抽油机采油系统中能量的传递与损失情况见图 1-1。

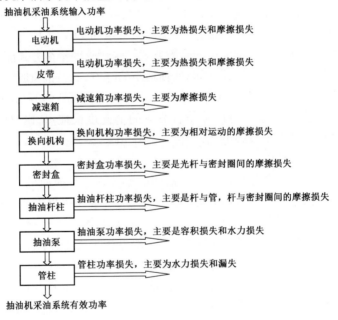

图 1-1　抽油机系统能量传递与损失流程图

2. 集输系统

油气集输工程要根据油田开发设计、油气物性、产品方案和自然条件等进行设计和建设。油气集输工艺流程要求做到：(1)合理利用油井压力，尽量减少接转增压次数,减少能耗;(2)综合考虑各工艺环节的热力条件,减少重复加热次数,进行热平衡,降低燃料消耗;(3)流程密闭,减少油气损耗;(4)充分收集和利用油气资源,生产合格产品,包括净化原油,净化油田气、液化气、天然汽油和净化污水(符合回注油层或排放要求)等;(5)技术先进,经济合理,安全适用。

油田集输系统工艺流程如图1-2所示。

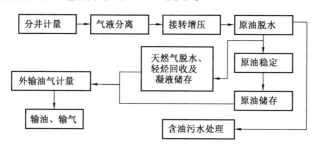

图1-2 油气集输系统工艺流程

1)生产工艺

油气集输的生产环节大致分为如下九小节。

(1)分井计量。

通过计量装置,分别测出单井产物中原油、天然气、采出水的产量,作为监测油藏开发和生产动态的依据之一。计量分离器分两相和三相两类。两相分离器把油井产物分为气体和液体;三相分离器把高含水的油井产物分为气体、游离水和乳化油;然后用流量仪表分别计量出体积流量。含水、油的体积流量须换算为原油质量流量。油井油、气、水计量允许误差为±10%。

(2)气液分离。

为了满足油气处理、储存和外输的需要,气、液混合物要进行分离。气、液分离工艺与油气组分、压力、温度有关。高压油井产物宜采用多级分离工艺。生产分离器也有两相和三相两类。因油、气、水比重不同,可采用重力、离心等方法将油、气、水分离。分离器结构形式有立式和卧式,有高、中、低不同的压力等级。分离器的形式和大小应按处理气、液量和压力大小等选定。处理量较大的分离器一般采用卧式结构。分离后的气、液分别进入不同的管线。

（3）接转增压。

当油井产物不能靠自身压力继续输送时，需接转增压继续输送。一般采用气、液分离后分别增压，液体用油泵增压；气体用油田气压缩机增压。

油罐烃蒸气回收将原油罐内气相压力保持在微正压下，用真空压缩机回收罐顶排出的烃蒸气。油罐和压缩机必须配有可靠的自控仪表，确保其安全运行。

（4）原油脱水。

脱除原油中的游离水和乳化水，达到外输原油要求的含水量。脱水方法根据原油物理性质、含水率、乳化程度、化学破乳剂性能等，通过试验确定。一般采用热化学沉降法脱除游离水，电化学法脱除乳化水。通常情况下油中含有的盐分和携带的砂子随水脱出。化学沉降脱水应尽量与管道内的原油破乳相配合。脱水器为密闭的立式或卧式容器，一般内装多层电极，自动控制油、水界面和输入电压，使操作平稳，脱出的污水进入污水处理场处理后回注油层。

（5）原油稳定。

脱除原油中溶解的甲烷、乙烷、丙烷等短链烃类气体组分，从而降低原油在储运过程中的蒸发损耗。稳定后的原油在最高储存温度下的饱和蒸气压不超过当地大气压的 0.7 倍。在稳定过程中，还可获得液化气和天然汽油。原油稳定可采用负压闪蒸、正压闪蒸和分馏等方法。以负压闪蒸法为例，稳定工艺过程是：脱水后的原油经加热后进入负压闪蒸塔，用真空压缩机将原油中的气体抽出，送往油田气处理装置。经过稳定的原油从塔底流出，进入储油罐。原油稳定与油气组分含量、原油物理性质、稳定深度要求等因素有关，由各油田根据具体情况作经技术经济对比后选择合适的工艺。

（6）原油储存。

为了保证油田均衡、安全生产，外输站或矿场油库必须配有满足一定储存周期的油罐。储油罐的数量和总容量应根据油田产量、工艺要求、输送方式确定。油罐一般为钢质立式圆筒形，有固定顶和浮顶两种型式，单座油罐容量一般为 $5000 \sim 20000 m^3$。为减少热损失，油罐外壁设有保温包覆层。易凝原油罐内设加热盘管，以保持罐内的原油温度，油罐上应设有消防和安全设施。

（7）天然气脱水、轻烃回收以及凝液储存。

天然气脱水就是脱除天然气中的饱和水，使其在管线输送或冷却处理时,不生成水合物。对天然气轻烃进行回收,脱除天然气中烃液,使其在管线输送时烃液不被析出;或专门回收天然气中烃液后再进一步分离成乙烷、液化石油气、轻质油等单一或混合组分作为产品,并使天然气达到商品天然气(干气)产品标准。最后将天然气凝液、液化石油气、天然汽油分别盛装在相应的压力容器中。保持烃液生产与销售平衡。

（8）外输油气计量。

外输油气计量是油田产品进行内外交接时经济核算的依据。计量要求有连续性,仪表精度高。外输原油采用高精度的流量仪表连续计量出体积流量,乘以密度,减去含水量,求出质量流量。原油流量仪表用相应精度等级的标准体积管进行定期标定。另外也有用油罐检尺(量油)方法计算外输原油体积,再换算成原油质量流量。外输油田气的计量,一般由节流装置和差压计构成的差压流量计,并附有压力和温度补偿,求出体积流量。

（9）输油、输气。

管道输送是用油泵将原油从外输站直接向外输送,具有输油成本低、密闭连续运行等优点,是最主要的原油外输方法。也有采用铁路、海上运输的方法。

油气集输过程各个环节形成相应的单元工艺,根据各油田的地质特点、采油工艺、原油、天然气物性及自然条件等方面的不同,可将油气集输各单元工艺合理组合,形成不同的油气集输系统工艺流程。

单元工艺组合的原则是:① 油气密闭输送,处理各接点处的压力、温度、流量相一致。② 井产物应自然流入油气集输系统,流量、压力、温度不稳定,流程中必须设有缓冲、调控设施,以保证操作平稳,产品质量稳定。③ 油气集输系统各单元工艺所用化学助剂要互相配伍,与水处理过程中的杀菌、缓蚀剂等药剂也要配伍。④ 自然能量与外加能量的利用要平衡。

2）主要耗能环节

油田集输工艺流程按油气输送的形式可分为油气分输流程和油气混输流程;按油气集输系统布站形式可分为一级(计量阀组、联合站)、二级(计量间、联合站)和三级(计量间、接转站、联合站)布站集输流程;按油井集输方式可分为单管加热(或不加热)流程、双管掺水流程和三管热水伴热流程。

原油集输系统耗能环节主要是集油、脱水、稳定和储运。在集油过程中主要耗能设备有掺水炉、掺水泵、转输泵等。脱水过程主要有热化学脱水和电脱水,主要耗能设备有脱水炉、脱水泵、电脱水器等;原油稳定过程主要耗能设备是原稳炉;原油经处理后外输耗能设备主要有外输泵、外输炉。油田伴生气与原油同时采出后,经低压油气分离,输至天然气处理厂进一步处理。主要耗能设备为增压机、压缩机、风机、泵、加热炉等。

一般来说,油品物性、技术水平、生产环境等因素决定了油气集输的工艺流程,而油气集输系统的工艺流程基本决定了油气集输系统的能耗水平,如三管伴热工艺流程的耗气必定大于单管出油流程的耗气,电化学脱水的耗电必然大于热化学脱水的耗电,气田后期增压集气的总能耗也大于开发初期利用天然能量集气的总能耗。

集输系统效率主要由电动机运行效率、泵运行效率和管网运行效率三部分组成。在集输系统的设计和生产中,考虑到油田生产的发展变化,在设计时都留有相当的余量,往往造成实际运行中"大马拉小车"负载率低的现象,所以泵与管网是否匹配是影响系统效率的关键因素。

3. 注入系统

1)注水工艺

注水系统是指从水源、注水站、配水间、注水井口、注水井场到注水管道的集成。注水流程按工艺不同分为四类:

(1)单管多井配水间流程。

单管多井配水间流程(图1-3)适应性强,适用于油田面积大、注水井多、注水量大的面积注水开发的区块。我国大庆油田、胜利油田、辽河油田等都广泛采用这种流程。

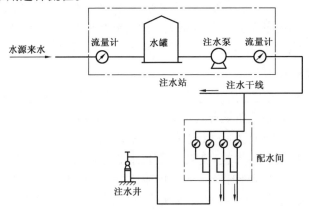

图1-3 单管多井配水间流程

（2）单干管单井配水流程。

单干管单井配水流程（图1-4）由注水站将注入水、洗井水经同一根注水干管输送到单井式配水间，适用于油层和原油物性变化不大，井数多，采用行列式布井，注水量较大，面积较大的油田。我国大庆油田较广泛地采用这种流程。

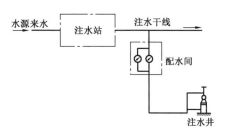

图1-4　单干管单井配水流程

（3）分压注水流程。

当油田的油层渗透率差别很大时，需采用压力不同的两套系统（包括注水泵和管线）对高、中渗透层和低渗透层实行分压注水，即采用分压注水流程（图1-5）。

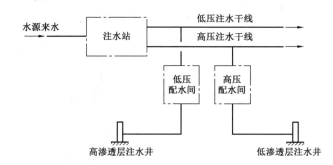

图1-5　分压注水流程

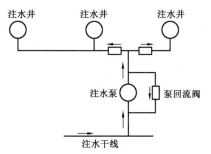

图1-6　局部增压注水流程

（4）局部增压注水流程。

分压注水流程是解决压力差的普遍手段，局部增压注水流程是解决同一区块中部分特低渗透层的注水问题，流程见图1-6。目前无论是在大型油田还是中、小型油田，通常采用这种局部增压的办法来保证油田配注方案的完成。

2）注汽工艺

稠油开采与普通常规稀油开采的主要区别是稀油开采采用注水工艺，

而稠油开采则是采用注汽工艺。

地面注汽工艺是通过注汽锅炉产生高温高压蒸汽,并将蒸汽分配注入到油井的一种工艺。注汽系统由注汽站和注汽管网组成。注汽工艺流程如下:

生水→过滤→软化除氧→高压柱塞泵→注汽锅炉→注汽干线→等干度分配器→注汽支线→等干度分配器→计量装置→井口。

(1)常规蒸汽吞吐注汽工艺技术。

常规蒸汽吞吐注汽工艺技术如图1-7所示。

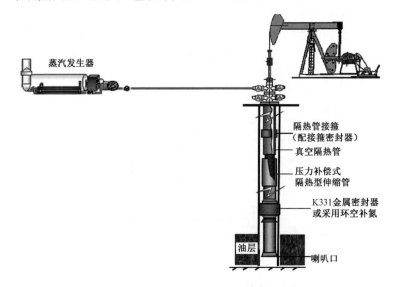

图1-7 常规蒸汽吞吐注汽工艺

(2)蒸汽驱注汽工艺。

蒸汽驱注汽工艺较蒸汽吞吐注汽工艺增加了地面等干度分配器和蒸汽驱长效隔热工艺以及蒸汽驱分层注汽工艺,注汽管柱采用单层注汽管柱或分层注汽管柱。工艺如图1-8所示。

(3)SAGD注汽工艺。

SAGD简称蒸汽辅助重力泄油,是一种将蒸汽从位于油藏底部附近的水平生产井上方的一口直井或一口水平井注入油藏,被加热的原油和蒸汽冷凝液从油藏底部的水平井产出的采油方法,是开发超稠油的前沿技术(图1-9)。该工艺较蒸汽吞吐增加了汽水分离器,提高了蒸汽干度;注汽管柱可满足间歇注汽要求;水平井采用同心双管注汽,保证了水平段均匀注汽。该工艺适用于直井+水平井和成对水平井两种SAGD组合方式注汽。

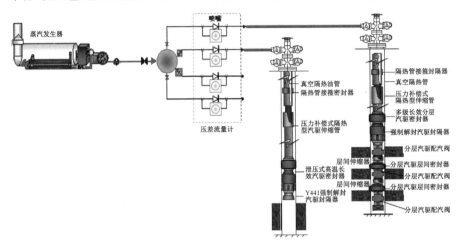

图1-8 蒸汽驱注汽工艺

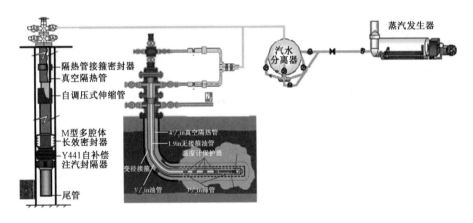

图1-9 SAGD注汽工艺

3)主要耗能环节

注水系统无论采用何种注水工艺流程,均需要由电动机、泵、阀组、管网、井口等设备组成。注水系统的能量流向一般是从电动机、泵、阀组、管网到井口。

主要耗能环节有电机能耗损失、注水泵能耗损失(包括节流及打回流的压降损失)、注水管网的摩阻损失,具体如图1-10所示。

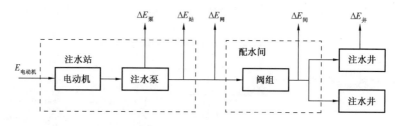

图1-10 注水系统组成

根据能量守恒原理得:

$$E_{电动机} = \Delta E_泵 + \Delta E_站 + \Delta E_网 + \Delta E_间 + \Delta E_井 \qquad (1-1)$$

式中 $E_{电动机}$——电动机输入功率,kW;

  $\Delta E_泵$——泵机组损失能量,kW;

  $\Delta E_站$——注水站内阀截流损失能量,kW;

  $\Delta E_网$——注水管网损失能量,kW;

  $\Delta E_间$——配水间节流损失能量,kW;

  $\Delta E_井$——系统有效能量,即注入注水井能量,kW。

注汽系统主要用能设备是注汽锅炉,注汽锅炉前置高压给水泵消耗电力,注汽锅炉消耗燃料主要是天然气、原油或原煤。主要耗能环节有锅炉给水泵、注汽锅炉、注汽管网热力损失。

4. 污水处理

1)常规污水处理

常规的污水处理工艺,即经过自然(重力)沉降除油,再混凝沉降除油、除悬浮物,该段根据水质可选用混凝、气浮、旋流等工艺分离杂质,然后过滤分离,去除微粒固体和乳化油,过滤介质可选用石英砂、核桃壳、双滤料、纤维球等。

常规污水处理工艺如图1-11所示,一般来说这些流程能满足普通油藏注水水质要求。

2)污水深度处理

对于低渗透油田或污水需要回用锅炉的处理站需要对污水精细过滤、深度处理。为此,常在三段流程的基础上增加一级或两级精细过滤,以满足水质要求。污水深度处理流程如图 1－12 所示。

污水处理系统能耗降低，主要耗能环节是各种泵所消耗的电力。

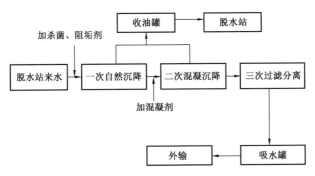

图 1－11 常规污水处理流程

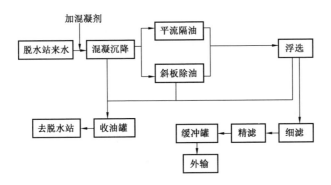

图 1－12 污水深度处理流程

5. 供配电系统

油田电网常分为供电网和配电网两部分。供电网由变电站、供配电线路、自备电厂组成，其电源多取自地方电力系统。在没有地方电力系统供电或虽有电力系统但难以满足油田用电需求的情况下才建设自备电厂。此外，在天然气或伴生气资源丰富的油田区块建设自备电厂。由于油田供电网是地方电力系统的组成部分，因此，它的运行方式必将受到地方电力系统的调配。油田配电网直接供应油田电力设备（抽油机、输油泵、注水泵等）的配电变压器和配电线路，运行管理由油田自主负责。

油田供电网电压等级多为 110kV 和 35kV，但有些油田供电网也出现220kV、154kV、60kV 电压等级。配电网最高电压等级为 10kV 或 6kV。

降压变电所分二级。第一级是把外电源的 110(35)kV 高压电源降为 10(6)kV 等级的电源,这是企业的枢纽变电所。在变压的同时再由配电装置将 10(6)kV 电压分配给各小企业或车间、油田区块,这是第一级中间配电所。第二级变电所是把从高压中间配电所出来的 10(6)kV 电压进行二次降压,降至各种用电设备所需要的电压 380V,在油田采油井上,也有用 1140V。在进行第二次降压变电之后,还要根据需要进行合理配电,因此这级配电所叫降压配电所。

配电变压器就是将 6~35kV 配电线路电压,降压至各种用电设备所需要电压。如果用电负荷仅为低压又比较集中,也可直接将 35kV 直接降为 380V 配电电压。

电网在传送电力的过程中,要损失一些电能。电网理论损失电能由各段(各电压等级)线路的电能损失(简称线损)、各个(各级)变压器的电能损失(简称变损)组成。变损又由变压器绕组电阻上的电能损失(简称铜损)和变压器铁芯上的电能损失(简称铁损)组成。在实际电网运行中,还有不明损失的电能,而电网线路损失和变压器损失是避免不了的,需要采用技术方法来减少。

1)线路电能损耗

供电线路的有功功率损耗、无功功率损耗可按式(1-2)计算,每组线路电阻、电抗可按式(1-3)计算:

$$\Delta P_1 = 3I_{ca}^2 R \times 10^{-3}$$
$$\Delta Q_1 = 3I_{ca}^2 X \times 10^{-3}$$
$$(1-2)$$

$$R = r_0 l$$
$$X = x_0 l$$
$$(1-3)$$

式中　　ΔP_1——线路的有功功率损耗,kW;

ΔQ_1——线路的无功功率损耗,kVar;

r_0——线路单位长度的交流电阻,Ω;

x_0——线路单位长度的电抗,Ω/km。

l——线路计算长度,km。

线损与线路长度成正比,因此提高线路输送电压,缩短线路长度是有效降低线损的方法之一。

2）变压器损耗

变压器的功率损耗包括有功功率损耗 ΔP_T 和无功功率损耗 ΔQ_T。

有功损耗又分为空载损耗和负载损耗两部分。空载损耗又称铁损，是变压器主磁通在铁芯中产生的有功功率损耗，因为主磁通只与外加电压和频率有关，当外加电压 U 和频率 f 为恒定时，铁损也为常数，与负荷大小无关。负载损耗又称铜损，是变压器负荷电流在一次、二次绕组的电阻中产生的有功功率损耗，其值与负载电流平方成正比。

无功功率损耗由两部分组成，一部分是变压器空载时，由产生主磁通的励磁电流所造成的无功功率损耗；另一部分是由变压器负载电流在一、二次绕组电抗上产生的无功功率损耗。

ΔP_s、ΔQ_s 是通过短路试验测得，ΔP_0、ΔQ_0 是由空载试验测得，由制造厂提供。

$$\Delta P_T = \Delta P_0 + \Delta P_s \left(\frac{S_{ca}}{S_{N,T}}\right)^2$$

$$\Delta Q_T = \Delta Q_0 + \Delta Q_s \left(\frac{S_{ca}}{S_{N,T}}\right)^2 \tag{1-4}$$

$$\Delta Q_0 = \frac{I_0\%}{100} S_{N,T}$$

$$\Delta Q_s = \frac{U_z\%}{100} S_{N,T} \tag{1-5}$$

$$\Delta P_T \approx 0.01 S_{ca}$$

$$\Delta Q_T \approx 0.05 S_{ca}$$

式中　ΔP_T、ΔP_0、ΔP_s——变压器的有功功率损耗、空载有功功率损耗、负载有功功率损耗，kW；

　　　ΔQ_T、ΔQ_0、ΔQ_s——变压器的无功功率损耗、空载无功功率损耗、负载无功功率损耗，kVar；

　　　S_{ca}——计算视在功率，kV·A；

　　　$S_{N,T}$——变压器的额定容量，kV·A。

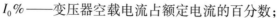

$I_0\%$——变压器空载电流占额定电流的百分数；

$U_z\%$——变压器阻抗电压占额定电压的百分数。

变压器的损耗与其空载损耗、短路损耗、负载率有关,空载损耗、短路损耗与变压器的制造工艺、容量配置有关,因此合理配置变压器的容量是实现变压器节能的关键。

6. 热力系统

1）锅炉

油田用工业锅炉主要包括蒸汽锅炉和热水锅炉。蒸汽锅炉的结构形式分为锅壳式锅炉和水管式锅炉两类。

蒸发受热面主要布置在锅壳内的锅炉,叫锅壳式锅炉。锅壳式锅炉又分为立式锅壳锅炉(锅壳的纵向轴线垂直于地面的锅炉)、卧式锅壳锅炉(锅壳的纵向轴线平行于地面的锅炉)。前者主要有立式横水管锅炉、立式直水管锅炉、立式弯水管锅炉和立式横水管锅炉四种。后者主要有卧式内燃锅炉和卧式外燃锅炉两种。

蒸汽受热面全部由水管组成,且在锅筒内不布置蒸发受热面的锅炉叫水管式锅炉。常见的有双纵锅筒水管锅炉、双横锅筒水管锅炉和单纵锅筒水管锅炉等。

油田上常用的锅炉是卧式外燃油(气)锅炉。卧式外燃油(气)锅炉的炉胆改为许多烟管,炉排移至锅壳底部,构成外部燃烧室,锅炉外部砌有轻型砖墙。主要由锅壳、前管板、后管板、烟管、水冷壁管、下降管和集箱等受压部件组成。锅炉的蒸发量小于6t/h,工作压力小于1.3MPa。其优点是整装出厂、安装方便,升火时间短、产生蒸汽快、炉膛空间大且热效率高。缺点是炉管易积灰,锅内结垢严重时锅壳底部易过热鼓包。

稠油油田开发需要注蒸汽,产生高温、高压蒸汽的装置就叫蒸汽发生器,即注汽锅炉。其结构如图1-13所示。

2）加热炉

（1）相变加热炉。

相变加热炉是油田油气集输的新炉型,其本体为两回程湿背式结构,主要由燃烧器、油(或水)盘管、燃烧室、锅筒、烟管、烟箱、载热体等组成。盘管在水面以上,炉膛后部或底部装有防爆门,烟道有两回程或三回程,一般大功率加热炉采用三回程。相变加热炉按蒸汽运行的压力不同,可分为真空和承压两种类型;按换热盘管结构不同又可分为一体式和分体式两种结构(图1-14)。

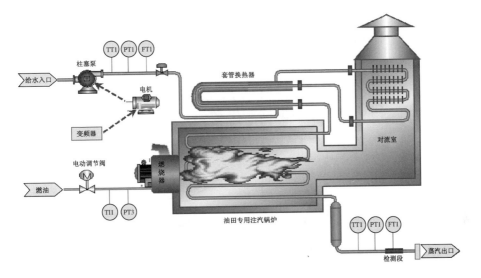

图 1 – 13　注汽锅炉结构示意图

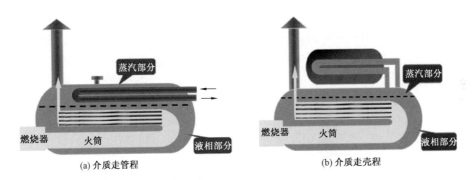

图 1 – 14　相变加热炉示意图

分体相变加热装置是将换热盘管改用换热器,从炉体中独立出来,适用于原油矿化度高,容易结垢的区块。

(2)管式加热炉。

管式加热炉主要由对流室、辐射室、燃烧器、烟囱组成。结构如图 1 – 15 所示。

管式加热炉的火焰直接加热炉管中的生产介质,被加热物质在管内流动,其优点有加热温差大,温升快,允许介质压力高,单台功率可以很大,能以较小的换热面积获得较大的加热功率。但在加热原油和易结垢介质时,

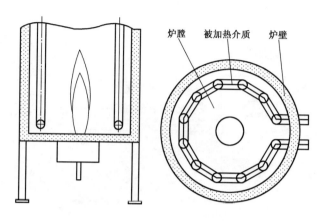

图 1-15　管式加热炉示意图

管壁结垢快,严重影响换热。

（3）火筒式加热炉。

火筒式加热炉主要由燃烧器、火管、烟管、壳体构成。其结构如图 1-16 所示。燃料燃烧产生的高温烟气通过火管壁、烟管壁加热壳内的被加热介质。由于壳体内被加热介质流通截面积大,介质流动缓慢,烟、火管外壁面易结垢。火筒式加热炉一般置于油气集输与处理工艺的泵前,设备压降较低。

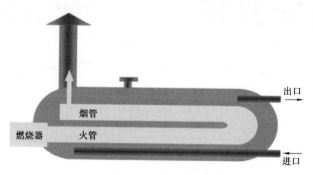

图 1-16　火筒式加热炉结构示意图

（4）水套式加热炉。

水套式加热炉与火筒式加热炉的不同之处在于炉壳内与火筒接触的介质不是生产介质而是水,火筒加热水,炉壳内增加了盘管,通过盘管的生产介质由水加热。其结构如图 1-17 所示。其优点就是减轻或避免了火筒的结垢和腐蚀且火筒不直接与生产介质接触,安全性好,但不足之处在于水套式加热炉的传热效率偏低。水套式加热炉一般置于油气集输与处理工艺的泵后,设备压降较高、但可加热高压介质。

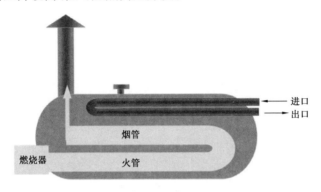

图1-17 水套式加热炉结构示意图

3)主要热损失

锅炉、加热炉的热损失主要有以下几种。

(1)排烟热损失。

排烟热损失是指锅炉排出的烟气将一部分热量带入大气中,造成了锅炉的排烟热损失,它是锅炉各项热损失中最大的一项。影响排烟热损失的主要因素是排烟温度和排烟量。排烟温度越高,排烟量越多,排烟热损失也就越大。排烟温度的高低主要取决于受热面的数量和运行工况;排烟量的多少取决于过剩空气系数及炉膛、烟道的漏风情况。

(2)气体不完全燃烧热损失。

气体不完全燃烧热损失是指在排烟中有一部分可燃气体未燃烧放热就随烟气排出所造成的热损失。影响该损失的主要因素是过剩空气系数和炉膛结构。过剩空气系数过小,使空气与燃料混合不均匀,易生成一氧化碳等可燃气体;过剩空气系数过大,会使炉膛温度降低,可燃气体不易着火燃烧。炉膛容积过小,可燃气体在炉膛中来不及燃烧就进入烟道,造成气体不完全燃烧热损失。

(3)散热损失。

散热损失是指炉墙、构架、管道、门孔向周围环境散热所造成的热损失。散热损失的大小主要取决于锅炉炉墙表面积的大小、绝热性能与厚度、外界空气温度及流动速度等因素。加热炉运行过程中的热损失,主要是排烟与散热损失。因此,加热炉热效率的提高重点应放在燃烧和辐射段的散热损失上。通常,导致加热炉热效率下降的原因是由于加热炉长期运行使得炉体老化、衬里脱落,导致炉体散热损失增加。

二、气田生产

根据气藏烃类组成特征分类,气藏可分为干气藏、湿气藏和凝析气藏等。按烃类组分分类 C_{2+}/C_1(湿度),即 C_2H_6 以上与 CH_4 的摩尔含量之比小于5%为干气,大于5%为湿气。气体中凝析油含量大于 $50g/m^3$、在原始地层条件下天然气和凝析油呈单一的气相状态称为凝析气藏。干气藏和湿气藏在开采的任何阶段,储层流体均呈气态。其中湿气藏 C_3 以上组分含量相对较多,地面分离能生产较多的液烃。凝析气藏在开采过程中,随着压力的下降,储层流体出现反凝析现象,会在储层中生成液态凝析油。

气藏气的开发主要依靠天然气自身的弹性能量膨胀进行开采。对于部分能够建立注采井网的凝析气藏,为减少储层反凝析,提高高附加值凝析油的采收率,有时开发初期亦采用循环注气保持压力的开发方式,但在集输方式上与干、湿气藏无明显区别。

气藏气的开采、矿场集输和处理工艺与采集系统压力的高低有密切关系。受流体成份、地层物性、油水产出及水化物影响,在气藏气开采过程中,一般都需要药剂注入、排液采气等系统的配套。气藏气开发初期井口压力通常较高,多利用天然能量进行集气;后期地层压力逐步降低,为提高采收率,普遍采用增压集气工艺。集气工艺:单井—多井集气站—天然气净化厂。根据气藏特点,净化处理主要包括脱水、脱硫、脱碳、凝析油回收等工艺流程。主要耗能设备有加热炉、重沸器、换热器、压缩机、循环泵等。

1. 气田集输系统

1) 生产工艺

气田集输系统一般由井口及井场装置、采气管线、集气站、集气管线、集气总站组成。集输系统的下游与天然气处理系统衔接。

原料天然气经过井筒由储层输送到地面,减压后到集输管线。采气过程的压降体现:一是从地层到井口存在流动压降,二是井口存在节流压降。(原料)天然气采出地面后一般进行两级节流,一级调控气井产量,二级调控采气管线起点压力。

气田集气系统压力级制通常分为高压集气系统、中压集气系统和低压集气系统三种。高压集气系统的压力在10MPa以上，多应用于井场装置至集气站的采气管线；中压集气系统的压力在1.6～10MPa之间，多应用于集气站至处理厂的集气管线，其压力与下游处理厂的生产压力相适应；低压集气系统的压力在1.6MPa以下，一些气田到开采后期，井口压力下降，气体不能进入输气干线，当不采取增压措施时则采用低压集气供给邻近用户。

集气站对汇集的原料天然气进行调压、计量、气液分离等预处理。未处理的原料天然气在减压时，一些饱和水会冷凝出来，因此需要采取水合物防治措施，一般采用加热或注入水合物抑制剂的方式。

2）主要耗能环节及其节能措施

天然气集输管道的能耗可分为消耗和损耗。消耗主要指压缩机组能耗、燃料气消耗以及管道阻力损失等在天然气集输过程中产生的能耗。这类能耗可通过采用新工艺、新技术、新设备予以降低。损耗指天然气放空、泄漏、事故等导致的直接损失，可以采取措施预防。

主要节能措施有：

（1）制定合理的气田集输方案，充分利用井口压力，提高天然气采收率。

（2）采取降低管输压力损失的措施，如管道内涂层减阻、凝析油的降黏等。

（3）采用密闭输送流程和密闭清管流程，减少输送介质的排放、泄漏、蒸发损失。

（4）合理设置线路截断阀室，防止事故扩大，将输送介质漏失量控制在最小范围。

（5）定期清除管道内积液及杂质，降低管道沿程摩阻，提高输送效率。

（6）制定合理的放空程序，尽量减少维修或事故情况下的放空量。

（7）选用高效节能的耗能设备。

（8）阀门及分离、计量、调压设备选用密闭性能好、摩擦阻力小、流量系数大、耐冲刷、寿命长的产品。

（9）加强管道系统的完整性管理、风险管理、腐蚀监测，减少事故的发生。

（10）树立全面节能意识，安装计量表对生产和生活用电、气、水进行控制。

2. 天然气处理系统

1)生产工艺

气田采出的天然气中常含有 H_2S、CO_2 等酸性组分,会腐蚀设备和管道,H_2S 是一种剧毒物质,会严重危害人体健康和生命。天然气中饱和水的存在会加速酸性组分对管道设施的腐蚀,可能会形成水合物堵塞管道影响正常供气。凝析油、硫醇、CO_2 等杂质含量过高会降低天然气的品质。只有脱除这些杂质,天然气才能作为商品气外输。这些脱除天然气中某种特定非烃类组分或回收凝析油等烃类产品的工厂被称为天然气净化厂。

原料天然气进入净化厂内首先进行气液分离,接着分离后的原料气进入脱硫单元,通过脱硫溶剂脱除原料气中的酸气,常用的脱硫溶剂有一乙醇胺(MEA)、二乙醇胺(DEA)、甲基二乙醇胺(MDEA)等,此外还有热钾碱法,但是醇胺法是目前使用最广的天然气脱酸气工艺(图 1-18)。

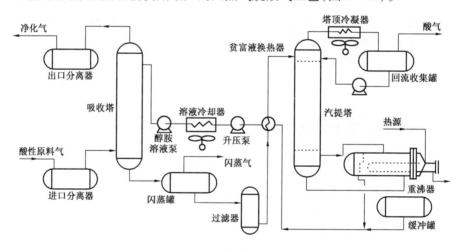

图 1-18 醇胺法脱硫装置的典型工艺流程

天然气脱酸处理后需要进行脱水,以满足输气管道对天然气露点的要求。脱水常用的方法有甘醇脱水、固体干燥剂脱水以及冷凝脱水。冷凝脱水是利用高压气体节流产生的温降,使凝析油和游离水从天然气内分离出来,以降低天然气的水露点和烃露点。三甘醇脱水工艺流程(图 1-19)和分子筛固体干燥剂脱水工艺流程(图 1-20)是油气田最常用的脱水方法。

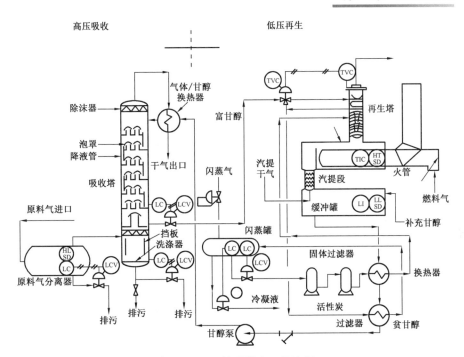

图 1-19 三甘醇脱水工艺流程

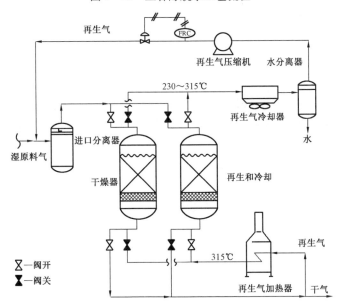

图 1-20 分子筛脱水工艺流程

天然气凝液回收装置主要处理经过脱水后的天然气,回收其中 C_2 以上组分,得到乙烷、液化气(或丙烷、丁烷)及轻烃等产品,常用的工艺有固体吸附法、油吸收法和冷凝分离法。

2)主要耗能环节及其节能措施

(1)脱硫(碳)和硫磺回收装置。

脱硫(碳)和硫磺回收装置主要消耗电力、热力和天然气,同时,硫磺回收装置通过化学反应又产生大量热力。装置消耗的电力用于驱动溶液循环泵和风机。热力主要用于脱硫装置的溶液再生和硫磺回收装置的催化反应,天然气主要用于辅助硫磺回收装置化学反应以及尾气焚烧。

主要节能措施如下:

① 回收利用闪蒸汽作为工厂燃料气。

② 利用工厂蒸汽系统带动背压式汽轮机溶液循环泵,背压蒸汽还可供重沸器使用。

③ 选用能量回收透平回收富液部分能量。

④ 设置余热锅炉利用过程气冷却所释放的能量。

⑤ 采用高效绝热硅酸盐材料,完善保温结构,减少热损失。

⑥ 减少过程气和液硫管道长度并减少拐弯,减少热损失。

(2)脱水装置。

脱水装置主要消耗电力,同时溶液或分子筛再生需要消耗天然气(燃烧)。

主要节能措施如下:

① 充分利用高压原料气自身压力,采用节流制冷工艺,降低能耗。

② 丙烷制冷节流降压过程分两步进行,减少丙烷循环量,降低循环压缩机功率消耗。

③ 确定适宜的干气露点、TEG 循环量、TEG 再生贫液浓度、抑制剂注入量,优化整套装置能耗水平。

④ 选择适宜的 TEG 循环泵,循环量在不同季节变化较大(温度等)时配备变频调速器,循环量小则选用甘醇能量交换泵。

⑤ 尽量降低贫液入泵温度,贫液冷却尽可能采用气—液换热。

⑥ 采用高效 TEG 重沸器燃烧器,及时调整空气配比达到最佳燃烧效果。

⑦ 注重重沸器及高温管线保温,减少散热损失。

⑧ 注重 TEG 溶剂保护,防止甘醇起泡降低脱水效率。

(3)天然气凝液回收装置。

天然气凝液回收装置主要消耗电力,用于驱动各种循环泵和压缩机。

主要节能措施如下:

① 确定合理的干气烃露点、原料气制冷温度或节流压力降。

② 优化精馏塔塔压、塔顶冷凝温度,选择适宜的塔顶回流比。

③ 对原料气进行预冷以减少需节流的压力降或丙烷制冷系统的制冷负荷。

④ 优化丙烷制冷系统节流降压过程,采用对制冷剂(液体丙烷)中的一小部分进行节流降压,对大部分制冷剂进一步冷却的工艺,减少丙烷循环量,降低循环压缩机功率消耗。

⑤ 脱丁烷塔底的轻油与脱乙烷塔底的脱乙烷油换热,减少脱丁烷塔底重沸器的热负荷。

⑥ 选择高效原料气换热预冷器、节流设备。

⑦ 注重重沸器及高温管线保温,注重低温分离器、脱乙烷塔顶及低温管线的保冷,减少能量损失。

第四节　能　源　统　计

能源统计包括两层含义,一是能源统计科学,二是能源统计工作,即能源统计理论与能源统计实践两个方面。对于统计部门而言,能源统计是以能源统计科学发展研究为基础,以能源统计工作为核心内容的一项综合性专业统计。这一含义与进而涉及的能源统计对象、任务、报表和报表制度等,构成完整的能源统计概念。

一、国家能源统计

1. 对象及任务

1)能源统计的对象

能源统计的对象是指能源统计涉及的调查对象及其与能源有关的社会

经济活动。

（1）地质勘探企业及其在生产活动中直接获得的各种能源地质储量。

（2）能源生产企业（包括一次能源生产企业和二次能源生产企业）及其生产经营活动中的能源产量、销售量、产成品库存量以及与此有关的其他生产经营活动量。

（3）指能源批发、零售贸易企业（包括国内贸易和国际贸易企业）及其商品经营活动中的能源购进量（包括购进流向）、销售量（包括销售流向）、库存量以及与此有关的其他经营活动量。

（4）能源消费企业（单位）及其生产经营活动中的能源购进量、消费量、消费方式（包括终端消费、中间消费、具体用向等）、库存量以及与此有关的其他生产经营活动量。

（5）城乡居民家庭及其日常生活活动中的能源消费量。

（6）能源生产和消费企业（单位）能源生产、消费的效率和效益。

2）能源统计的任务

能源统计的任务是指通过统计调查，反映能源资源的生产、流通、消费和加工转换、库存的基本状况，反映能源利用过程中的效率、效益以及能源节约情况。通过能源核算、编制能源平衡表，反映能源资源供应与需求的平衡情况和资源开采、加工、最终消费、产品（商品）流向（包括中间流向和最终流向）的整个情景过程。通过能源统计分析，实事求是地反映能源资源生产、流通、消费、加工转换、效率与效益的现状、规律性以及影响社会经济发展的问题，提出政策建议。宏观上为国家和地区编制中长期能源发展规划，为制定涉及能源生产、流通、消费、储备、国际合作与贸易等各项政策提供相对全面、及时、准确的依据和方便的服务，为国家能源安全战略服务。微观上为企业制定生产经营计划，加强以降低生产成本、提高经济效益为核心的科学管理服务。

2. 报表及制度

能源统计报表是指根据能源统计调查对象的社会经济活动性质和能源统计任务所涉及的社会经济活动内容，按照统计基本规律和方法，将所涉及的统计指标进行分组、归类，以各种方式提供给统计调查对象填报的统计表格。报表样式及制度在国家层面有多种,根据《能源统计工作手册》中的相关内容,具体包括基层报表和综合报表两类。

基层报表是指能源生产企业能源产品生产、销售与库存报表;批发零售贸易企业能源商品购进、销售、库存报表;使用能源的工业企业能源购进、消费与库存报表以及能源加工转换报表;除工业企业以外的用能企业(单位)能源消费(与库存)报表;用能企业单位产品(业务量)能耗报表等。

综合报表是指与上述基层报表形式相同且以一定行政区域、行业(部门)领域为综合统计对象的统计报表;行政区域间能源流向统计报表;能源平衡表和其他能源统计核算报表等。

能源统计制度是指政府统计行政机构依据《中华人民共和国统计法》,针对能源统计报表的内容、实施范围、实施单位、调查方式和调查对象、统计报告期、报告方式、报告时间等事项制定的政府行政文件。与其他专业报表制度相同,能源统计报表制度内容主要包括:法律依据,调查目的,政府行文机构对文件受理机构(下级政府部门、企业、事业和其他单位)的总体要求以及报表目录,调查方式,与报表调查、上报相关的其他具体事项等。

二、油气田能源统计

油气田能源统计首先应满足国家能源统计要求,按照集团公司《统计管理办法》具体执行。

1. 对象及任务

作为能源生产企业和能源消费企业,油气田能源统计必然涉及到能源产量、销售量、产成品库存量以及与此有关的其他生产经营活动量,同时也应包括能源购进量、消费量、消费方式(包括终端消费、中间消费、具体用向等)、库存量以及与此有关的其他生产经营活动量。意在准确、真实、全面系统地收集和分析能源与水资源在开发、生产、储运、转换、消费等环节的数据,总结能源与水资源的经济活动和规律,为加强用能用水科学管理提供依据。

集团公司油气田能源统计工作主要针对勘探与生产分公司下属的各地区公司,同时包括各地区公司二级单位(如大庆油田采油一厂)及地区分公司的下属单位三级单位(如大庆油田采油一厂下属分公司)。有关计算方法应严格遵照 GB/T 2589—2008《综合能耗计算通则》、Q/SY 61—2011《节能节水统计指标及计算方法》《集团公司节能节水统计管理办法》《集团公司节能统计指标体系及计算方法(试行)》(中油计〔2008〕479 号)和报表填报说明的有关规定。

2. 报表及制度

1) 能源统计报表

(1) 生产数据统计表,主要统计企业生产数据情况,是反映企业生产和能耗总体情况的综合性报表。

(2) 用能报表,按照指标分类又可分为综合类报表、单耗类报表、重点耗能设备类报表以及节能技措报表。综合类报表包括上市和未上市进销存报表、能源消耗报表(企业汇总表以及按照业务类型分类的报表)、按资产划分的报表、能源转换报表。

(3) 用水报表亦分为综合类报表、单耗类报表以及节水技措类报表。综合类用水报表包括企业用水量报表和各业务用水量报表以及按资产性质划分的用水量报表。

(4) 人员信息统计表。企业相关人员发生变化时应及时进行更新。

2) 能源统计制度

油气田能源统计实行节能节水定期统计报告制度,包括月报、季报、半年报和年报,在满足国家的能源统计要求和《中国石油天然气集团公司节能节水统计管理规定》的基础上,根据需要不定期地开展节能节水统计调查工作。

生产数据统计表、能源购进消费与库存情况统计表、能源消耗报表(包括按资产划分的报表)、能源转换报表、能源单耗报表、用水状况报表(包括按资产划分的报表)、用水水平指标报表按月填报。主要耗能设备报表、节能措施报表、节水措施报表及统计分析报告按季度填报。油节能资统 1 表、油节水资统 1 表、节能转统 1 表以及节能万家企业上报政府报表按年度填报。统计人员信息表根据实际情况实时填报和更新,必须保证数据的准确性、及时性、完整性以及一致性。各报表的填报频度及统计范围(当期值/累计值)见表 1 - 2。

表1-2 统计报表填报总体要求

报表名称	填报频度	当期值/累计值
油生产统1表	月报	累计值
能源购进消费库存表	月报	累计值
油节能统1表(能源消耗报表)	月报	当期值
油节能统2表(能源单耗报表)	月报	累计值
油节水统1表(用水状况报表)	月报	当期值
油节水统2表(用水水平指标报表)	月报	累计值
油节能量节水量统1表	月报	累计值
油节能统3表(主要耗能设备报表)	季报	累计值
油节能统5表(节能措施报表)	季报	累计值
油节水统3表(节水措施报表)	季报	累计值
统计分析报告	季报	
油节能资统1表	年报	累计值
油节水资统1表	年报	累计值
节能转统1表	年报	累计值
节能万家统1表(节能万家企业上报政府报表)	年报	

报表的报送时间为每月、每季度、每半年、每年后的8日内,并同时附上相应的季度、半年能耗和用水简析及年度统计分析报告。统计分析报告的具体格式参见第五章。

报表报出方式通过节能节水统计报表系统采用网上上报,待集团公司节能节水统计主管部门审核通过后,将节能节水统计报表和统计分析报告用纸质文档报送到节能技术研究中心。节能节水统计报表及统计分析报告须经企业级主管领导签字并同时加盖企业公章。

第五节 节能与减排

一、节能减排的基本概念

1. 节能减排定义

节能减排有广义和狭义定义之分,广义而言,节能减排是指节约物质资源和能量资源,减少废弃物和环境有害物(包括三废和噪声等)排放;狭义而言,节能减排是指节约能源和减少环境有害物排放。

节能减排包括节能和减排两大技术领域,二者既有联系,又有区别。如前所述,《中华人民共和国节约能源法》已给出节能具体的定义。我国快速增长的能源消耗和过高的石油对外依存度促使政府于 2006 年在我国"十一五"规划纲要中提出:到 2010 年,单位 GDP 能耗比 2005 年降低 20%、主要污染物排放减少 10%。这两个指标结合在一起,就是通常所说的"节能减排"。

2009 年之前减排主要是指污染物减排,在 2009 年我国政府又提出了温室气体减排的概念,2009 年 11 月 26 日,我国政府正式宣布"到 2020 年单位国内生产总值的碳排放量将比 2005 年降低 40%~45%。"

2. 主要污染物

《国民经济和社会发展第十一个五年(2006—2010 年)规划纲要》中将二氧化硫和化学需氧量作为主要污染物进行控制,要求"十一五"期间主要污染物二氧化硫和化学需氧量排放总量在 2005 年的基础上减少 10%。

二氧化硫是大气中最常见的污染物之一,对人体有较大的危害,并且对植物、动物和建筑物都有危害,并能导致土壤和江河湖泊酸化,是酸雨的主要成分。

COD 即化学需氧量,是废水中的可氧化物质(有机物、亚硝酸盐、亚铁盐、硫化物等)氧化分解所需的氧气消耗量,它是水质污染程度的重要指标之一,COD 太大,会造成水中溶解氧降低,水中鱼虾等生物死亡。

《国民经济和社会发展第十二个五年(2011—2015 年)规划纲要》规定"十二五"期间污染物排放总量显著减少,化学需氧量、二氧化硫排放分别减少 8%,氨氮、氮氧化物排放分别减少 10%。"十二五"规划新增了氨氮和氮氧化物作为主要污染物,氨氮和氮氧化物这两项物质分别是水污染物和空气污染物中的"大户"。

氨氮是水体中的营养素,可导致水富营养化现象产生,是水体中的主要耗氧污染物,对鱼类及某些水生生物有毒害,氨氮对水生物起危害作用的主要是游离氨,其毒性比铵盐大几十倍,并随碱性的增强而增大。水中氨氮主要来源于生活污水中含氮有机物,含氮有机物经氨化菌分解生成氨,其次来源于工业废水和化学肥料。

氮氧化物主要为一氧化二氮（N_2O）、一氧化氮（NO）、二氧化氮（NO_2），并以二氧化氮为主。氮氧化物与空气中的水结合最终会转化成硝酸和硝酸盐，硝酸是酸雨的成因之一；它与其他污染物在一定条件下能产生光化学烟雾污染，对人体造成较大危害。氮氧化物最主要来源是火力发电、机动车尾气和烧煤的采暖锅炉。

3. 主要温室气体

能够产生温室效应的气体统称为温室气体 GHG（Greenhouse Gas）。1997 年联合国通过的《京都议定书》列出六种需要消减的温室气体：二氧化碳、氧化亚氮、甲烷、氢氟烃、全氟烃及六氟化硫。其中，二氧化碳、氧化亚氮和甲烷是自然界中本来就存在的成分，由于人类活动而增加，而氢氟烃、全氟烃及六氟化硫则完全是人类活动的产物。

1987 年制定的《蒙特利尔议定书》、1991 年制定的《伦敦修正案》和 1992 年制定的《哥本哈根修正案》均要求工业化国家在 1996 年、发展中国家在 2006 年完全停止氯氟烃的生产。氢氯氟烃作为第一代氯氟烃替代物，在《哥本哈根修正案》中规定应当逐渐削减，发达国家到 2004 年、2010 年、2015 年分别在 1989 年排放水平上减少 35%、65%、90%，发展中国家到 2040 年停止其生产。氯氟烃和氢氯氟烃已经被《蒙特利尔议定书》及其一系列修正案列为要淘汰的消耗臭氧层物质，所以《京都议定书》没有重复把它们列为减排对象。

氢氟烃(氢氟碳化物)作为氯氟烃第二代替代物，用于冰箱、空调和绝缘泡沫生产，不含氯，对臭氧层破坏很小，在《蒙特利尔议定书》中未作限制，但却具有极高的增温潜势，因此被包括在《京都议定书》的限制排放范围内。

全氟烃(全氟碳化物)主要包括 CF_4、C_2F_6 及 C_4F_{10} 三种物质，可以应用在衣服的防水、抗污和许多的日用产品(锅具上的 Teflon 涂层)，但主要是作为一种污染物存在。其中 CF_4 占绝大部分，其排放源主要有铝电解工业、微电子工业、铀浓缩和氟加工过程，其中铝电解工业是最大的 CF_4 和 C_2F_6 排放源，另外随着薄膜晶体管液晶显示器 TFT - LCD 的大量生产，全氟碳化物用于二氧化硅等薄膜材料蚀刻的使用量及排放量也日益增加。

六氟化硫(SF_6)具有极强的增温潜势，由于绝缘、灭弧性能优越，被广泛应用于断路器、气体绝缘开关设备(GIS)、变压器等电气设备中，另外还在镁的冶炼过程中用来阻止高温熔化态的铝镁被氧化,使用多少就排放多少。

4. 温室气体的温室效应

不同温室气体具有不同的温室效应,为了评价各种温室气体对气候变化影响的相对能力,人们采用了一个被称为"全球增温潜势"GWP(Global Warming Potential,以 CO_2 的 GWP 为 1)的参数。具体是指某一给定物质在一定时间范围内与二氧化碳相比而得到的相对辐射影响值。

为了统一度量整体温室效应的结果,又因为二氧化碳是人类活动产生温室效应的主要气体,因此,规定以二氧化碳当量为度量温室效应的基本单位。一种气体的二氧化碳当量是通过把气体的吨数乘以其全球增温潜势值(GWP),不同气体增温潜势如下表 1-3 所示。

表 1-3 气体增温潜势对照表

温室气体名称	增温效应,%	100 年 GWP	生命期,a
二氧化碳(CO_2)	63	1	50~200
甲烷(CH_4)	15	23	12~17
氧化亚氮(N_2O)	4	296	114~120
氢氟烃(HFCs)	11	12000	13.3
全氟烃(PFCs)		5700	50000
六氟化硫(SF_6)	7	22200	3200

二、节能与减排的关系

石油工业中的燃料、蒸汽、电力等能源消耗都会产生温室气体排放,燃料燃烧产生的排放是直接排放,而外购的蒸汽、电力产生的排放是间接排放,按照"谁消费谁统计"的原则,其排放量也要计入企业排放总量当中,减少能源消耗就意味着减少温室气体排放。

1. 燃烧直接排放

燃料燃烧产生的排放有 CO_2、CH_4、N_2O,其中 CH_4、N_2O 排放量较少,可忽略不计,以排放 CO_2 为主,CO_2 排放计算方法主要有两种,一是根据燃料含碳量进行计算的物料平衡法,二是根据燃料热值和燃料对应排放因子进行计算的排放系数法。

1)物料平衡法

按照实际的燃料消耗以及该燃料的实测碳含量(或默认碳含量)为基准计算燃烧过程的 CO_2 排放量。基本计算公式为:

$$\sum CE_i = \sum \left(FQ_i \times CF_i \times O_i \times \frac{44}{12} \right) \qquad (1-6)$$

式中　CE_i——统计期内某一种燃料燃烧所产生的 CO_2 排放量,t;

FQ_i——统计期内某一种燃料的消耗量,t;

CF_i——该种燃料的含碳量,%;

Q_i——该种燃料的氧化率,%;

$\frac{44}{12}$——为二氧化碳的碳的相对分子质量比值。

一般情况下,燃料的含碳量不易确定,因此多采用排放系数法计算某种燃料 CO_2 排放量。

2)排放系数法

已知燃料热值数据,可根据不同燃料的热值和对应的 CO_2 排放因子进行计算,公式为:

$$\sum CE_i = \sum \left(FQ_i \times LHV_i \times 10^6 \times EF_i \times O_i \times \frac{44}{12} \right) \qquad (1-7)$$

式中　LHV_i——该种燃料的低位热值,MJ/t 或 $MJ/10^6 m^3$;

EF_i——该种燃料的单位热值含碳量,tC/TJ。

2. 外购电力蒸汽间接排放

油气开采和石油炼制、石油化工生产外购的电力和蒸汽对于 CO_2 的排放,可根据实际的消耗和相应的排放因子进行计算。公式为:

$$IE = BQ \times EF/1000 \qquad (1-8)$$

式中　IE——外购电力或蒸汽的间接排放,t;

BQ——外购蒸汽或电力的数量,GJ 或 $kW \cdot h$;

EF——外购蒸汽或电力对应的排放因子,kgCO$_2$/(kW·h) 或 kg-CO$_2$/GJ。

外购电力二氧化碳排放因子可参考各年度国家公布的电网基准线排放因子,发改委公布的我国 2009 年电网基准线排放因子为 0.86kgCO$_2$/(kW·h)。

外购蒸汽二氧化碳排放因子可参考国内自备热电站平均排放水平 153.23kgCO$_2$/GJ 计算,石油炼化企业蒸汽大多来自自备热电站生产,若输出蒸汽,则该值为负值。

根据不同燃料的热值、单位热值含碳量和氧化率取值,以排放系数法计算能源消耗相关的二氧化碳排放量,如表 1-4 所示。

表 1-4 主要能耗类别二氧化碳排放系数

实物类型	二氧化碳排放系数	单位
无烟煤	2.16	tCO$_2$/t
烟煤	1.95	tCO$_2$/t
褐煤	1.36	tCO$_2$/t
标准煤	2.46	tCO$_2$/t
原油	3.01	tCO$_2$/t
天然气	20.45	tCO$_2$/10^{4}m^3
伴生气	24.52	tCO$_2$/10^{4}m^3
重油(燃料油)	3.19	tCO$_2$/t
汽油	2.93	tCO$_2$/t
柴油	3.10	tCO$_2$/t
炼厂干气	3.46	tCO$_2$/t
液化气	4.12	tCO$_2$/t
石油焦	3.04	tCO$_2$/t
外购电力	8.6	tCO$_2$/(10^{4}kW·h)
外购热力	0.153	tCO$_2$/GJ

第二章　油气田能耗统计体系

第一节　统计报表体系

油气田能耗统计报表分为四大类:生产数据统计表、用能报表、用水报表及人员信息统计表,具体见图2-1。

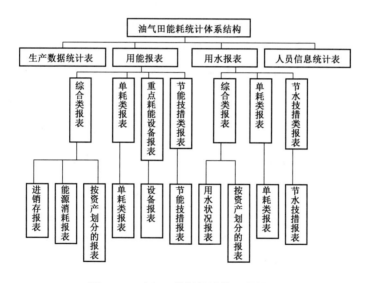

图2-1　油气田能耗统计体系结构图

一、生产数据统计表

生产数据统计表主要统计企业的生产数据情况,包括油气产量、油气商品量、产水量、产液量、钻井进尺数以及产值能耗等相关数据,是反映企业生产和能耗总体情况的综合性报表。报表的具体样式见表2-1。

二、用能报表

用能报表按照指标分类又可分为综合类报表、单耗类报表、重点耗能设备类报表以及节能技措报表。综合类报表包括上市和未上市进销存报表(表2-2)、能源消耗报表(企业汇总表以及按照业务类型分类的报表,表2-4)、按资产划分的报表(表2-5)、能源转换报表(表2-6),综合类报表主要统计企业总体用能情况以及各业务领域用能情况、企业上市和未上市业务能源消耗情况,以及企业热电厂的投入产出情况。单耗类报表(表2-7)主要统计企业油气生产主营业务、非主营业务(供热、发电等)的用能单耗指标情况以及企业实现的节能量、节能价值量情况。主要耗能设备报表(表2-8)主要统计企业在用的注水泵、输油泵、抽油机、电潜泵、压缩机、加热炉和锅炉等重点耗能设备的基本情况、监测情况和耗能量等相关数据。节能技措报表(表2-9)主要统计企业在统计报告期内实施的节能技措项目基本信息、相关材料和项目实现的节能量、节能价值量等信息。

三、用水报表

用水报表亦分为综合类报表、单耗类报表以及节水技措类报表。综合类用水报表包括企业用水量报表(表2-10)、各业务用水量报表以及按资产性质划分的用水量报表(表2-11)。综合类用水报表反映了企业整体用水情况。单耗类报表(表2-12)主要统计企业油气生产主营业务、非主营业务(供热、发电等)的用水单耗指标情况以及企业实现的节水量、节水价值量情况。节水技措报表(表2-13)主要统计企业在统计报告期内实施的节水技措项目的基本信息、相关材料和项目实现的节水量、节水价值量等信息。

四、人员信息统计表

人员信息统计表,主要统计企业节能节水主管领导、主管处室、管理人员以及统计人员的基本信息等资料。企业相关人员发生变化时应及时进行更新。具体样式见表2-13。

表2-1　生产数据统计报表

企业代码：　　　　　　　　　　　　　　　中国石油天然气集团公司制订

企业名称：　　　　　　　　20　年1~　季　　　　　油生产统1表

序号	名称		计量单位	本年累计	去年同期
1	原油产量		10^4t		
2	天然气产量		10^4m³		
	其中	气田气产量	10^4m³		
		伴生气产量	10^4m³		
3	原油商品量		10^4t		
4	天然气商品量		10^4m³		
5	产水量		10^4t		
6	产液量		10^4t		
7	原油一次加工能力		10^4t		
8	原油加工量		10^4t		
9	乙烯加工能力		10^4t		
10	乙烯产量		10^4t		
11	合成氨产量		10^4t		
12	长输管道原油输油量		10^4t		
13	长输管道成品油输油量		10^4t		
14	长输管道输气量		10^4m³		
15	钻井进尺数		10^4m		
16	工业产值综合能耗		tce/万元		
	其中	工业综合能源消费量	tce		
		万元工业产值(可比价)	万元		
17	企业增加值综合能耗		tce/万元		
	其中	综合能源消费量	tce		
		万元企业增加值	万元		

填表人：　　　　　　审核人：　　　　　　日期：

注：(1)油气田业务填报第1~6项；

(2)炼化业务填报第7~11项；

(3)长输管道业务填报第12~14项；

(4)工程技术业务填报第15项；

(5)企业中有油气勘探与生产,炼油与化工,工程技术服务中的钻井、固井、测井、录井等专业,生产服务中的供水、发电、供电、供气供暖等专业,加工制造专业的填报第16项；

(6)所有企业均填报第17项。

填报单位：　　　　　　　　　　　　　　　　　　　　　　　　　　　　填报日期：

表 2－2　20×x 年能源购进、消费与库存情况统计表（上市一）

第 1～　季度　　　　　　填报人：

能源名称	计量单位	代码	年初库存量	购进量		消费量					期末库存量	采用折标系数	参考折标系数
				实物量	金额千元	合计	1.工业生产消费	用于原材料	2.非工业生产消费	在合计中:运输工具消费			
甲	乙	丙	1	2	3	4	5	6	7	8	9	10	丁
原煤	t	01											0.7143
其中　1. 无烟煤	t	02											0.9428
2. 炼焦烟煤	t	03											0.9000
3. 一般烟煤	t	04											0.7143
4. 褐煤	t	05											0.4286
洗精煤	t	06											0.9000
其他洗煤	t	07											0.4643
煤制品	t	08											0.5286
焦炭	t	09											0.9714
其他焦化产品	t	10											1.1～1.5
焦炉煤气	$10^4\,m^3$	11											5.714～6.143
高炉煤气	$10^4\,m^3$	12											1.2860
转炉煤气	$10^4\,m^3$	13											2.714

续表

能源名称	计量单位	代码	年初库存量	购进量		消费量					期末库存量	采用折标系数	参考折标系数
				实物量	金额千元	合计	1.工业生产消费	用于原材料	2.非工业生产消费	在合计中:运输工具消费			
甲	乙	丙	1	2	3	4	5	6	7	8	9	10	丁
发生炉煤气	$10^4 \, m^3$	14											1.786
天然气（气态）	$10^4 \, m^3$	15										13.3	11～13.3
液化天然气（液态）	t	16										1.7572	1.7572
煤层气（煤田）	$10^4 \, m^3$	17										11	11
原油	t	18										1.4286	1.4286
汽油	t	19										1.4714	1.4714
煤油	t	20										1.4714	1.4714
柴油	t	21										1.4571	1.4571
燃料油	t	22										1.4286	1.4286
液化石油气	t	23										1.7143	1.7143
炼厂干气	t	24										1.5714	1.5714
石脑油	t	25										1.5	1.5
润滑油	t	26										1.4331	1.4331
石蜡	t	27										1.3648	1.3648
溶剂油	t	28										1.4672	1.4672
石油焦	t	29										1.0918	1.0918
石油沥青	t	30										1.3307	1.3307

能源名称	计量单位	代码	年初库存量	购进量		消费量					期末库存量	采用折标系数	参考折标系数
				实物量	金额千元	合计	1.工业生产消费	用于原材料	2.非工业生产消费	在合计中:运输工具消费			
甲	乙	丙	1	2	3	4	5	6	7	8	9	10	丁
其他石油制品	t	31										1.4	1.4
热力	10^6kJ	32										0.0341	0.0341
电力	10^4kW·h	33										1.229	1.229
煤矸石用于燃料	t	34										0.2857	0.2857
城市生活垃圾用于燃料	t	35										0.2714	0.2714
生物质废料用于燃料	t	36										0.5	0.5
余热余压	10^6kJ	37										0.0341	0.0341
其他工业废料用于燃料	t	38										0.4285	0.4285
其他燃料	tce	39										1	1
能源合计	tce	40										—	—

注:(1)能源合计=Σ某种能源×某种能源折标准煤系数(不重复计算其中项);

(2)能源消费量指能源使用单位在报告期内实际消费的一次能源或二次能源的数量,即包括各单位加工转换生产的二次能源;;(3)购进量中包含各企业(单位)代供、转供非国有单位和居民生活的能源消费量,如转供电力、代供液化石油气等;消费量中应剔除;

(4)主栏逻辑关系:(1)≥2+3+4+5;

(5)宾栏逻辑关系:4=5+7,4≥8,5≥6;

(6)综合能源消费量的计算方法:非工业生产消费量=非工业生产消费的能源合计-能源加工转换企业综合能源消费合计[表2-3第12列]。能源加工转换企业综合能源消费量=工业生产消费的能源合计-能源加工转换产出合计[表2-3中第11列]-回收利用合计。

填报单位：
填报人：
填报日期：

表2-3　20×年能源购进、消费与库存情况统计表（上市二）

第1~ 季度

能源名称	计量单位	代码	工业生产消费量	加工转换合计	火力发电	供热	原煤入洗	炼焦	炼油及煤制油	制气	天然气液化	加工煤制品	能源加工转换产出	回收利用
甲	乙	丙	1	2	3	4	5	6	7	8	9	10	11	12
原煤	t	01												
1. 无烟煤	t	02												
2. 炼焦烟煤	t	03												
3. 一般烟煤	t	04												
4. 褐煤	t	05												
洗精煤	t	06												
其他洗煤	t	07												
煤制品	t	08												
焦炭	t	09												
其他焦化产品	t	10												
焦炉煤气	10⁴m³	11												
高炉煤气	10⁴m³	12												

其中（无烟煤、炼焦烟煤、一般烟煤、褐煤）

能源名称	计量单位	代码	工业生产消费量	加工转换合计	火力发电	供热	原煤入洗	炼焦	炼油及煤制油	制气	天然气液化	加工煤制品	能源加工转换产出	回收利用
甲	乙	丙	1	2	3	4	5	6	7	8	9	10	11	12
转炉煤气	$10^4 m^3$	13												
发生炉煤气	$10^4 m^3$	14												
天然气（气态）	$10^4 m^3$	15												
液化天然气（液态）	t	16												
煤层气（煤田）	$10^4 m^3$	17												
原油	t	18												
汽油	t	19												
煤油	t	20												
柴油	t	21												
燃料油	t	22												
液化石油气	t	23												
炼厂干气	t	24												
石脑油	t	25												
润滑油	t	26												
石蜡	t	27												
溶剂油	t	28												

续表

能源名称	计量单位	代码	工业生产消费量	加工转换合计	火力发电	供热	原煤入洗	炼焦	炼油及煤制油	制气	天然气液化	加工煤制品	能源加工转换产出	回收利用
甲	乙	丙	1	2	3	4	5	6	7	8	9	10	11	12
石油焦	t	29												
石油沥青	t	30												
其他石油制品	t	31												
热力	10^6 kJ	32												
电力	10^4 kW·h	33												
煤矿石用干燃料	t	34												
城市垃圾用干燃料	t	35												
生物质废料用干燃料	t	36												
余热余压	10^6 kJ	37												
其他工业废料用干燃料	t	38												
其他燃料	tce	39												
能源合计	tce	40												

注：(1) 本表统计范围、报送时间和方式同表2-2；
(2) 计算"能源加工转换产出"、"回收利用"（折标准煤以后）1≥2+3+4+5；
(3) 主栏逻辑关系：1≥2+3+4+5；
(4) 宾栏逻辑关系：1≥2,2=3+4+5+6+7+8+9+10。

67

中国石油天然气集团公司制订 油节能统1表

表2-4 能源消耗报表

企业代码：
企业名称：

20　　年1~　　季

序号	能源名称	计算单位	本年累计			去年同期			本年累计能源消耗费用		折标准煤系数
			合计	工业	非工业	合计	工业	非工业	单价 元/计算单位	总值 万元	
甲	乙	丙	1	2	3	4	5	6	7	8	丁
1	原煤	t									0.7143
2	原油 自用量	t									1.4286
	损耗量										
	小计										
3	天然气 自用量	$10^4\,\mathrm{m}^3$									13.3000
	损耗量										
	轻烃减量										
	小计										
4	电 企业外购入量	$10^4\,\mathrm{kW\cdot h}$									1.2290
	企业外供出量										
	企业内购入量										
	企业内供出量										
	小计										

续表

序号	能源名称		计算单位	本年累计			去年同期			本年累计能源消耗费用		折标准煤系数
				合计	工业	非工业	合计	工业	非工业	单价 元/计算单位	总值 万元	
甲	乙		丙	1	2	3	4	5	6	7	8	丁
5	重油		t									1.4286
6	汽油		t									1.4714
7	柴油		t									1.4571
8	炼化干气		t									1.5714
9	液化气		t									1.7143
10	催化烧焦		t									1.3572
11	热力	企业外购入量										
		企业外供出量										
		企业内购入量										
		企业内供出量										
		小计	tce									1.0000
12	其他		tce									1.0000
13	能源消耗总量		tce									—
14	作为原料自用量		tce									1.0000

序号	能源名称	计量单位	本年累计			去年同期			本年累计能源消耗费用		折标准煤系数
			合计	工业	非工业	合计	工业	非工业	单价 元/计算单位	总值 万元	
甲	乙	丙	1	2	3	4	5	6	7	8	丁
15	原油替代量	t	—						—	—	—
	以煤代油量										
	以气代油量										
	其他代油量										

情况说明：

注：(1)原煤、炼化干气折标煤系数可按实测；

(2)企业外购入（供出）量指以企业为界区，与市政等电网、管网发生的数据；企业内购入（供出）量指以企业二级单位为界区，企业内部各二级单位之间发生的数据；小计＝（企业外购入量＋企业内购入量）－（企业外供出量＋企业内供出量）；

(3)天然气轻烃经减量，作为原料自用量，原油替代量不参与能源消耗总量的计算；

(4)平衡关系：企业内购入量＝企业内供出量。

填表人：　　　　　　审核人：

日期：

企业代码：
企业名称：

表2-5　上市部分能源消耗报表（按资产划分）

20　年1~　季

中国石油天然气集团公司制订

节能资统1-1表

序号	能源名称	计算单位	本年累计			去年同期			本年累计能源消耗费用		折标准煤系数
			合计	工业	非工业	合计	工业	非工业	单价 元/计算单位	总值 万元	
甲	乙	丙	1	2	3	4	5	6	7	8	丁
1	原煤	t									0.7143
2	原油　自用量	t									1.4286
	损耗量										
	小计										
3	天然气　自用量	10⁴m³									13.3000
	损耗量										
	轻烃减量										
	小计										
4	电　企业外购入量	10⁴kW·h									1.2290
	企业外供出量										
	企业内购入量										
	企业内供出量										
	小计										

序号	能源名称	计算单位	本年累计			去年同期			本年累计能源消耗费用		折标准煤系数
			合计	工业	非工业	合计	工业	非工业	单价 元/计算单位	总值 万元	
甲	乙	丙	1	2	3	4	5	6	7	8	丁
5	重油	t									1.4286
6	汽油	t									1.4714
7	柴油	t									1.4571
8	炼化干气	t									1.5714
9	液化气	t									1.7143
10	催化烧焦	t									1.3572
11	热力 企业外购入量	tce									1.0000
	企业外供出量										
	企业内购入量										
	企业内供出量										
	小计										

续表

序号	能源名称	计算单位	本年累计			去年同期			本年累计能源消耗费用		折标准煤系数
			合计	工业	非工业	合计	工业	非工业	单价 元/计算单位	总值 万元	
甲	乙	丙	1	2	3	4	5	6	7	8	丁
12	其他	tce									1.0000
13	能源消耗总量	tce							—	—	—
14	作为原料自用量	tce									1.0000
15	原油替代量 以煤代油量	t							—	—	—
	以气代油量										
	其他代油量										

情况说明：

注：(1) 原煤、炼化干气折标煤系数可按实测；

(2) 企业外购入 (供出) 量指以企业为界区，与市政等电网、管网发生的数据；企业内购入 (供出) 量指上市部分与未上市部分之间发生的数据；小计 =（企业外购入量 + 企业内购入量）–（企业外供出量 + 企业内供出量）；

(3) 天然气轻烃凝液量、作为原料自用量、原油替代量不参与能源消耗总量的计算。

填表人： 审核人： 日期：

表 2 – 6　能源转换报表

企业代码：
企业名称：

中国石油天然气集团公司制订
节能转统 1 表

20　年 1 ～　季

序号	能源名称	计算单位	投入量			产出量	
			合计	电力生产	热力生产	电力 ×10⁴kW·h	热力 tce
甲	乙	丙	1	2	3	4	5
1	原煤	t					
2	原油	t					
3	天然气	$10^4 m^3$					
4	电	$10^4 kW·h$					
5	重油	t					
6	柴油	t					
7	炼化干气	t					
8	液化气	t					
9	催化烧焦	t					
10	热力	tce					
11	其他	tce					
12	合计	tce					

注：(1) 本报表为企业报表；
　　(2) 热力一栏的投入量指企业外购的热力折标准煤量；
　　(3) 本表中的产出量必须与表 2 – 3 中的数据保持一致。

填表人：　　　　　　　审核人：　　　　　　　日期：

企业代码：
企业名称：

表 2 - 7 油气田业务能源单耗报表

20 年 1 ~ 季

中国石油天然气集团公司制订
油节能统 2 - 1 表（油气田）

序号	指标名称	计算单位	本年累计	去年同期	本年累计		去年同期		其他说明
					子项	母项	子项	母项	
甲	乙	丙	1	2	3	4	5	6	丁
1	单位油气当量生产综合能耗	kgce/t							
2	单位油气当量液量生产综合能耗	kgce/t							
3	单位原油（气）生产综合能耗	kgce/t							
4	单位原油（气）液量生产综合能耗	kgce/t							
5	单位采油（气）液量用电单耗	kW·h/t							
6	单位油气集输综合能耗	kgce/t							
7	单位油（气）生产用电单耗	kWh·t							
8	单位注水量电耗	kW·h/m³							
9	单位气田生产综合能耗	kgce/10⁴ m³							
10	单位气田采集输综合能耗	kgce/10⁴ m³							
11	单位天然气净化综合能耗	kgce/10⁴ m³							
12	节能量 油田	t（标煤）			—	—	—	—	
	气田				—	—	—	—	
	合计				—	—	—	—	

续表

序号	指标名称		计算单位	本年累计	去年同期	本年累计		去年同期		其他说明
						子项	母项	子项	母项	
甲	乙		丙	1	2	3	4	5	6	丁
13	节能价值量	油田	万元			—	—	—	—	
		气田				—	—	—	—	
		合计				—	—	—	—	

其他说明：

注：(1) 主栏第1,2项为油田、气田业务综合指标，第3~8项为油田业务单项指标，第9~11项为气田业务单项指标，第12项和13项为油田、气田业务指标；

(2) 油气当量产量＝原油产量＋气田气折油量＋伴生气折油量，伴生气折油量按1255m³伴生气折1t原油计算；

(3) 节能量、节能价值量一栏的数据按照技措填报，必须和节能技措报表（表2-9）中的数据对应；

(4) 对于变化幅度较大的指标，请在"其他说明"中做出说明；

(5) 宾栏平衡关系：1＝3/4，2＝5/6。

填表人：　　　　审核人：　　　　日期：

表2-8　主要耗能设备报表

20　　年1~　　季

企业代码：
企业名称：

中国石油天然气集团公司制订
油节能统3表

设备名称	在用台数 台	装机容量 kW	更新/改造 台	淘汰 台	测试台数 台	测试率 %	测试合格台数 台	测试合格率 %	设备测试效率 %		系统测试效率 %		耗能量	
									报告期	去年同期	报告期	去年同期	计算单位	数量
甲	1	2	3	4	5	6	7	8	9	10	11	12	乙	13
1. 注水泵													10^4 kW·h	
2. 输油泵													10^4 kW·h	

续表

设备名称	在用台数 台	装机容量 kW	更新/改造 台	淘汰 台	测试台数 台	测试率 %	测试合格台数 台	测试合格率 %	设备测试效率,% 报告期	设备测试效率,% 去年同期	系统测试效率,% 报告期	系统测试效率,% 去年同期	耗能量 计算单位	耗能量 数量
甲	1	2	3	4	5	6	7	8	9	10	11	12	乙	13
3. 抽油机													10^4kW·h	
4. 电潜泵									—	—			10^4kW·h	
5. 风机									—	—			10^4kW·h	
6. 机泵													10^4kW·h	
7. 锅炉											—	—	tce	
其中 烧油											—	—	tce	
烧煤											—	—	tce	
烧气											—	—	tce	
混烧											—	—	tce	
8. 加热炉											—	—	tce	
其中 烧油											—	—	tce	
烧煤											—	—	tce	
烧气											—	—	tce	
混烧											—	—	tce	
9. 压缩机											—	—	tce	

续表

设备名称	在用台数 台	装机容量 kW	更新/改造 台	淘汰 台	测试台数 台	测试率 %	测试合格台数 台	测试合格率 %	设备测试效率 % 报告期	设备测试效率 % 去年同期	系统测试效率 % 报告期	系统测试效率 % 去年同期	耗能量 计算单位 乙	耗能量 数量
	1	2	3	4	5	6	7	8	9	10	11	12		13
甲														
其中 燃气													tce	
其中 网电													$10^4 kW\cdot h$	
其中 其他													tce	
10. 钻机													tce	
其中 网电													$10^4 kW\cdot h$	
其中 柴油													tce	
合计						—		—	—	—	—	—	tce	

注:(1)注水泵、输油泵、抽油机、电潜泵、风机、机泵、压缩机、钻机按电动机额定功率计;

(2)锅炉容量按额定热功率计;

(3)加热炉容量按额定热负荷计;

(4)平均设备效率、平均系统效率均按实测。

填表人:　　　　　审核人:　　　　　日期:

表2-9 节能技措报表

企业代码：
企业名称：

中国石油天然气集团公司制订
油节能统5表

20 年 1～季

序号	项目名称	项目内容简介	是否为专项投资项目	投产日期	投资万元	节能能力						本年实现节能					静态投资回收期
						实物类	实物量	tce/a	万元/a		实物类	实物量	tce	万元		
甲	乙	丙	丁	戊	1	2	3	4	5	6	7	8	9	10
合计															

填表人：　　　　　　审核人：　　　　　　日期：

注：（1）实物量中原煤、原油、重油、汽油、柴油、炼化干气、液化气、催化烧焦实物量单位是 t，天然气是 10^4 m³，电是 10^4 kW·h，热力和其他实物量单位是 tce；
（2）电力折标系数按全国上一年度发电标准煤耗计算；
（3）专项投资项目指由集团公司下达的节能专项投资项目。"专项投资"项目还需转至集团公司能效管理信息系统"点击进入项目管理"模块中填报项目的有关资料。

中国石油天然气集团公司制订

油节水统1表

企业代码：
企业名称：

表2-10 用水状况报表

20 年1～ 季

序号	指标名称	计算单位	本年累计			去年同期			本年累计能源消耗费用		备注
			合计	工业	非工业	合计	工业	非工业	单价,万元/计算单位	总值万元	
甲	乙	丙	1	2	3	4	5	6	7	8	丁
1	新鲜水用量	$10^4\,m^3$									
2	外购蒸汽消耗量	$10^4\,t$									
3	外购化学水消耗量	$10^4\,t$									
4	外购中水消耗量	$10^4\,m^3$									
5	循环水量	$10^4\,m^3$									
6	串联水量	$10^4\,m^3$									
7	蒸汽冷凝水回收量	$10^4\,m^3$									
8	海水量	$10^4\,m^3$									
9	微咸水量	$10^4\,m^3$									
10	总注水量	$10^4\,m^3$									
	其中:注新水量	$10^4\,m^3$									
11	工业污水产生量	$10^4\,m^3$									
12	工业污水处理量	$10^4\,m^3$									
13	工业污水排放量	$10^4\,m^3$									

续表

序号	指标名称	计算单位	本年累计			去年同期			本年累计能源消耗费用	节水能源消耗费用	备注
			合计	工业	非工业	合计	工业	非工业	单价,万元/计算单位	总值万元	
甲	乙	丙	1	2	3	4	5	6	7	8	丁
14	工业污水回注量	$10^4\,\mathrm{m}^3$									
15	工业污水回灌量	$10^4\,\mathrm{m}^3$									
16	工业污水回用量	$10^4\,\mathrm{m}^3$									

注:窄栏平衡关系为 $1=2+3,4=5+6$。

填表人：　　　　审核人：　　　　日期：

表2-11　上市部分用水状况报表(按资产划分)

20　　年1～　　季

中国石油天然气集团公司制订

节水资统1-1表

企业代码：
企业名称：

序号	指标名称	计算单位	本年累计			去年同期			本年累计能源消耗费用	节水能源消耗费用	备注
			合计	工业	非工业	合计	工业	非工业	单价,万元/计算单位	总值万元	
甲	乙	丙	1	2	3	4	5	6	7	8	丁
1	新鲜水用量	$10^4\,\mathrm{m}^3$									
2	外购蒸汽消耗量	$10^4\,\mathrm{t}$									
3	外购化学水消耗量	$10^4\,\mathrm{t}$									
4	外购中水消耗量	$10^4\,\mathrm{m}^3$									

续表

序号	指标名称	计算单位	本年累计			去年同期			本年累计能源消耗费用		备注
			合计	工业	非工业	合计	工业	非工业	单价,万元/计算单位	总值万元	
甲	乙	丙	1	2	3	4	5	6	7	8	丁
5	循环水量	$10^4\,m^3$									
6	串联水量	$10^4\,m^3$									
7	蒸汽冷凝水回收量	$10^4\,m^3$									
8	海水量	$10^4\,m^3$									
9	微咸水量	$10^4\,m^3$									
10	总注水量	$10^4\,m^3$									
	其中:注新水量	$10^4\,m^3$									
11	工业污水产生量	$10^4\,m^3$									
12	工业污水处理量	$10^4\,m^3$									
13	工业污水排放量	$10^4\,m^3$									
14	工业污水回注量	$10^4\,m^3$									
15	工业污水回灌量	$10^4\,m^3$									
16	工业污水回用量	$10^4\,m^3$									

注:栏平衡关系为 1 = 2 + 3,4 = 5 + 6。

填表人:　　　　　　　审核人:　　　　　　　日期:

企业代码：
企业名称：

表 2 - 12 用水水平指标报表

中国石油天然气集团公司制订
油节水统 2 - 1 表

20   年 1 ~   季

序号	指标名称	计算单位	本年累计	去年同期	本年累计		去年同期		备注
					子项	母项	子项	母项	
甲	乙	丙	1	2	3	4	5	6	丁
1	单位油气当量生产量生产新水量	m³/t							
2	单位油气当量液量生产新水量	m³/t							
3	单位原油（气）液量生产新水量	m³/t							
4	单位气田生产新水量	m³/10⁴ m³							
5	综合含水率	%							
6	采油污水回注率	%							
7	循环水浓缩倍数								
8	重复利用率	%							
9	蒸汽冷凝水回用率	%							
10	加工吨原油新水量	m³/t							
11	吨乙烯产品新水量	m³/t							
12	吨合成氨产品新水量	m³/t							
13	吨油排污量	m³/t							
14	工业污水回用率	%							

*计算依据

序号	指标名称	计算单位	本年累计	去年同期	计算依据				备注
					本年累计		去年同期		
					子项	母项	子项	母项	
甲	乙	丙	1	2	3	4	5	6	丁
15	企业用水综合漏失率	%							
16	节水量　油田部分	10⁴ m³							
	气田部分								
	炼油部分								
	化工部分								
	合计								
17	节水价值量　油田部分	万元							
	气田部分								
	炼油部分								
	化工部分								
	合计								

其他说明：

注：(1) 请在其他说明中附上节水量、节水价值量的计算过程；
(2) 对于变化幅度较大的指标，请在"其他说明"中作出解释；
(3) 表栏平衡关系：1＝3/4，2＝5/6。

填报人：　　　　　审核人：　　　　　日期：

表 2 - 13　节水技措报表

20　年 1～　季

中国石油天然气集团公司制订
油节水统 3 表

企业代码：
企业名称：

序号	项目名称	项目内容简介	是否为专项投资项目	投产日期	投资万元	节水能力				本年实现节水			
						水或水产品	实物量	$10^4 m^3$/a	万元/a	水或水产品	实物量	$10^4 m^3$	万元	静态投资回收期
甲	乙	丙	丁	戊	1	2	3	4	5	6	7	8	9	10
合计														

注：(1) 实物量中新鲜水单位是 $10^4 m^3$，蒸汽和其他水产品的单位是 $10^4 t$；
(2) 专项投资项目指由集团公司下达的节水专项投资项目。"专项投资"项目还需转至集团公司能效改进管理信息系统"点击进入项目管理"模块中填报项目的有关资料。

填报人：　　　　　　　审核人：　　　　　　　日期：

油气田企业能耗统计指南

表 2 - 14 节能节水工作人员基本情况表

企业名称：

通信地址：　　　　　　　　　　　邮编：

业务类型：油田、气田、炼油、化工、成品油销售、长输管道、工程技术、工程建设、装备制造、矿区、其他

千家企业：是　否

企业主管领导：　　　　　　　办公电话：

邮箱：　　　　　　　　　　经理办传真：

节能节水主管部门（名称）：　　　　部门传真：

类别	姓名	职务/职称	办公电话	手机号码	邮箱
部门主管领导					
节能节水管理人员					

节能节水统计部门（名称）：　　　　部门传真：

类别	姓名	职务/职称	办公电话	手机号码	邮箱
部门主管领导					
统计岗位人员					

86

五、填报流程

油气田能耗统计体系包括集团公司、专业公司、企业、二级单位、三级单位五个层级,各级用户的操作流程如表 2 – 14 所示。所属企业负责收集、整理、汇总本企业的节能节水统计信息,编制季度、半年和全年的统计报表和统计分析报告。月报、季报、半年报和年报分别于当月 8 日前上传至集团公司节能节水统计信息系统。

表 2 – 15　油气田能耗统计各级用户操作流程

用户级别	操作流程
三级单位	每月填写节能节水统计报表并上报给二级单位
二级单位	每月填写节能节水统计报表并上报给企业
企业	审核所属单位的上报报表并进行汇总和分析,根据汇总报表的相关数据填写相应的节能节水统计报表,并上报给集团公司
专业公司	查看所属企业的节能节水统计报表
集团公司	审核、汇总、分析企业上报的节能节水统计报表

油气田公司节能统计报表采用逐级上报汇总的方式进行,具体流程见图 2 – 2。油气田能耗统计基础数据来源于二、三级单位。三级单位填报数据后上报到二级单位,二级单位可以对其所属单位的数据进行汇总形成二级单位的统计报表,也可以自行填报。系统支持这两种方式的填报和汇总。

系统中有效的数据为通过审核的报表数据。具体的审核流程采用逐层审核的方式,例如企业审核所属二级单位上报的报表,集团公司审核企业上报的报表。审核分为:审核通过和未通过审核两种状态。未通过审核的报表可以由填报单位修改后继续上报。

统计数据汇总流程采用逐层上报、审核、汇总的方式。二级单位将报表上报到企业,企业上报到集团公司,通过审核后,集团公司对所有通过审核的报表进行汇总,形成汇总报表。

集团公司节能技术研究中心负责节能节水统计报表的审核,并将发现的问题和意见及时反馈给所属企业,由所属企业修改后重新上报。

审核通过后,企业应及时将纸质报表报送至集团公司节能技术研究中心。纸质报表须经企业主管节能节水的领导签字并加盖企业公章。

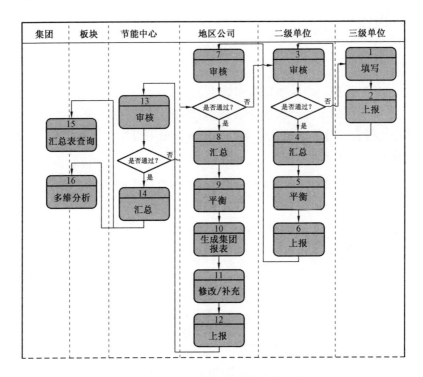

图 2-2　油气田能耗统计报表流程图

集团公司节能技术研究中心负责对所属企业报表进行统计、汇总、分析，编制集团公司节能节水统计季度、半年和年度报告，报送至集团公司有关节能主管部门。

第二节　信息系统

一、能效系统发展历程

自集团公司 2000 年重组上市后，为规范节能节水统计工作，中国石油天然气股份有限公司质量安全环保部委托中国石油天然气股份有限公司节能技术研究中心开展了节能节水统计管理软件的编制工作，节能技术研究中心于 2000 年开发了《中国石油天然气股份有限公司节能统计报表系统》

1.0 版,系统主要包括了勘探与生产、炼油与销售、化工与销售、天然气与管道等四个专业公司的上市部分,报表主要包含能源消耗报表、单耗报表、主要耗能设备报表、节能技措报表以及炼化企业主要装置耗能报表等类型。

于 2001 年开发了《中国石油天然气股份有限公司节能统计报表系统》2.0 版,按照业务对油气田节能统计工作进行划分,新增了节水统计报表。2002 年,根据节能节水管理工作要求,开发了《节能节水统计信息系统(2002 版)》,主要升级完善了节水统计报表、实现对企业二级单位的数据汇总功能,实现了对节能节水统计数据的分析功能。2003 年报表系统升级过程中增加了节能量、节水量、节能价值量和节水价值量等指标。2004 年开始,股份公司开展了节能节水型企业创建活动,现行的统计报表系统再次进行了升级,增补了节能节水型企业相关考核指标、进一步明确了统计指标的界定范围,同时对报表结构进行了进一步细化,业务领域划分更加科学合理,软件升级工作于 2005 年底完成,并于 2006 年初实现了网上填报。2007 年集团公司重组上市以来,集团公司节能技术研究中心一直在进行能效管理系统的研究和开发工作。现有的中国石油能效管理系统的开发工作历时近 3 年。集团公司节能技术研究中心于 2007 年完成了《中国石油天然气股份有限公司能效改进管理系统研究》项目研究,在此基础上,对中国石油能效管理系统的节能统计模块的统计范围、统计体系和功能进行了完善和修改,并于 2009 年底至 2010 年初期间投入应用,完成了集团公司节能统计的上报和审查工作。最终建设形成较为完善的集团公司能效管理系统应用平台和功能体系,为切实提高集团公司能源管理信息化水平提供技术支持。

该系统应用于集团公司及其全资子公司、直属企事业单位。截止 2014 年底,应用该系统的企业有 16 家油气田企业、31 家炼化企业、37 家销售企业、13 家天然气与管道储运企业、7 家工程技术服务企业、6 家工程建设企业、5 家装备制造企业、30 家科研及其他直属企业,共计 145 家。集团公司节能节水业务管理的节能统计、节能计划、节能考核、节能监督和节能技术五大领域可以通过能效管理系统的八个功能模块来实施应用,分别为节能统计管理、节能专项目管理、节能监测管理、能源审计管理、能评管理、节能考核管理、节能技术数据库和节能节水信息网。其中,节能统计模块主要统计能耗及用水,节能项目统计以及节能监测统计。集团公司统计报表分为月报、季度报、半年报和年报,2012 年 7 月应国资委上报数据要求新增加了月度报表。

二、E7 系统发展历程

现有的能源统计系统主要满足集团公司层面的统计管理需求,对于地区公司的个性化需求还无法实现(比如基层站队的采集表,稠油、稀油的专业表等)。集团公司于 2011 年启动的"中国石油节能节水管理系统项目"(简称 E7)在原有能效管理系统的基础上拓展创新,设计并开发了新的统计管理系统,让数据采集深入到基层单位,从而满足了地区公司的个性化需求。

2009 年 10 月,信息管理部发函正式委托勘探开发研究院西北分院编制中国石油节能节水管理系统可行性研究报告。西北分院以前期研究为基础,在方案设计方面与国内外多家知名厂商和咨询商进行交流探讨,广泛吸收合理化建议和设计理念。

2011 年 7 月,集团公司节能节水管理系统可行性研究报告得到批复,并在北京召开了集团公司节能节水管理系统项目启动大会,标志着节能节水管理系统项目正式开始项目建设工作。随后,集团公司节能节水管理系统项目协同工作平台正式搭建并上线运行,最终确定 IBM 公司为咨询实施商。

2012 年中旬,项目组先后前往西部管道分公司、新疆油田分公司、克拉玛依石化分公司、兰州石化分公司、冀东油田分公司等 5 家试点单位进行现场调研。随后展开 14 家重点单位的实地调研工作,进一步了解各企业需求,并对前期调研成果进行完善。同时分别对 PPS、管道 ERP、A2、C4、HSE、MES、质量计量系统等相关系统展开调研。经多次调研和反复研讨,最终完成了全部需求分析工作。同年 11 月,集团公司信息管理部组织召开了《中国石油天然气集团公司节能节水管理系统详细设计方案》评审会,顺利完成了设计阶段的全部工作。

2013 年 6 月,新疆油田公司、冀东油田公司、兰州石化公司、克拉玛依石化公司、西部管道公司 5 家试点单位共计 9 名业务专家进行了集团公司节能节水管理系统的 UAT 测试和数据初始化加载工作,由此标志着系统开发工作基本结束,试点单位实施工作正式展开,工作重心向系统的进一步完善、性能调优和推广筹备转移。

2013 年 7—8 月完成了试点单位的系统实施工作,9—11 月完成了系统的推广应用工作,并先后进行了三期系统应用集中培训,通过系统讲解和实际应用操作,学员掌握了规范的业务流程和系统功能模块的应用方法。

2013年12月至2014年1月,系统经过不断的修改完善,达到了正式上线运行的条件。

第三节　统计管理办法

根据《中国石油天然气集团公司节能节水管理办法》的相关要求,集团公司于2010年12月发布了《中国石油天然气集团公司节能节水统计管理规定》,进一步规范了节能节水统计工作,为提高能源利用管理水平提供了有力保障。

一、总则

节能统计工作的主要任务是准确、真实、全面、系统地收集和分析能源与水资源在开发、生产、储运、转换、消费等环节的数据,反映能源与水资源的经济活动和规律,为加强用能用水科学管理提供依据。集团公司实行节能节水定期统计报告制度(包括季报、半年报和年报),根据需要不定期地开展节能节水统计调查工作。

二、机构与职责

集团公司安全环保与节能部是集团公司节能节水统计工作的综合管理部门,负责制定节能节水统计管理规章制度并监督落实;发布节能节水统计信息;组织节能节水统计人员专业培训。

集团公司规划计划部负责组织制定节能节水指标体系并确定统计口径。集团公司信息管理部负责建立节能节水统计信息系统。

专业分公司协同集团公司安全环保与节能部负责本专业节能节水的统计分析工作。

所属企业负责组织开展本企业节能节水统计工作。

受集团公司安全环保与节能部的委托,集团公司节能技术研究中心负责节能节水统计数据的收集、汇总、分析以及节能节水统计信息系统的使用和维护。

三、统计程序

所属企业负责收集、整理、汇总本企业节能节水统计信息,编制季度、半年和全年的统计报表和统计分析报告。月报、季报、半年报和年报分别于当月8日前上传至集团公司节能节水统计信息系统。

集团公司节能技术研究中心负责所属企业报表的初审,并将发现的问题和意见及时反馈给所属企业,由所属企业修改后重新上传。

经初审合格后,所属企业应及时将纸质报表报送至集团公司节能技术研究中心。纸质报表须经企业主管节能节水的领导签字并加盖企业公章。

集团公司节能技术研究中心负责对所属企业报表进行统计汇总分析,编制集团公司节能节水统计季度、半年和年度报告,报送至集团公司安全环保与节能部审核。

集团公司安全环保与节能部组织对集团公司节能节水统计年度报告进行统一集中审核。

集团公司定期公布节能节水统计信息。

四、管理要求

所属企业应建立节能节水统计管理制度,明确主管部门,配备统计人员并保持人员的相对稳定。加强节能节水统计基础管理工作,健全原始记录、统计台账、人员岗位责任制等,保证节能节水统计信息的真实、准确、及时和完整。

所属企业节能节水主管部门应定期组织节能节水统计人员进行培训,开展节能节水统计学术交流活动,提高节能节水统计人员的业务素质和工作水平。节能节水统计人员应具备一定的专业基础和相关知识,经过上级部门业务培训并考核合格。

所属企业应依据能源和水资源计量器具配备标准配齐计量器具,加强计量器具、计量人员和计量数据的管理,不断完善计量手段和基础台账,确保统计数据来源的准确可靠。

所属企业应加强节能节水统计信息化建设,配备必要的硬件设施,提高节能节水统计工作的自动化水平。

所属企业应严格遵守国家和地方政府颁布实施的节能节水统计制度,重点用能单位应按期向地方政府有关部门报送能源利用状况报告。

所属企业节能节水主管部门对外发布或提供统计资料,应严格执行审批程序和集团公司信息披露的有关规定。

五、监督与职责

集团公司安全环保与节能部定期对所属企业节能节水统计工作进行评比,并将评比结果纳入节能节水型企业考核。集团公司对在节能节水统计工作中作出突出成绩的单位和个人予以表彰奖励。所属企业在节能节水统计工作中有下列情形之一的,给予批评教育;情节严重的,按照集团公司有关规定给予处分。

(1)无正当理由,没有按期完成统计上报工作。

(2)擅自对外披露节能节水统计信息。

(3)虚报、瞒报、漏报、伪造、篡改统计数据。

(4)其他违反本规定的行为。

第三章　耗能统计指标

第一节　综合指标

一、能源消费

能源消费是指为了达到一定的目的,将能源用作燃料、原料、材料、动力等的过程;对于某个能源品种而言,也包括用做加工转换的过程。

1. 工业企业能源消费量

工业企业能源消费量是指工业企业在工业生产和非工业生产过程中消费的各种能源。包括以下几项:

(1)企业产品生产、工业性作业和其他生产性活动消费的能源。

(2)能源加工转换企业各种能源消费量,包括能源加工转换的投入量。

(3)技术更新改造措施、新技术研究和新产品试制以及科学试验等方面消费的能源。

(4)经营维修、建筑及设备大修理、机电设备和交通运输工具等方面消费的能源。

(5)改善生产、经营、管理环境和劳动保护消费的能源。

(6)非生产性活动消费的能源。

其中不包括以下几项:

(1)由仓库发到车间,但在报告期最后一天没有消费的能源。这部分能源应在办理假退料手续后计入库存量。

(2)拨到外单位,委托外单位加工的能源。

(3)调出本单位或借给外单位的能源。

2. 工业生产能源消费量

工业生产能源消费量是指工业企业为进行工业生产活动所消费的能

源。包括以下几项：

（1）企业产品生产、工业性作业和其他工业生产性活动消费的能源，包括用作燃料、动力、原材料、辅助材料、工艺过程等的能源消费。

（2）能源加工转换企业各能源品种的消费量，包括能源加工转换的投入量。

（3）技术更新改造措施、新技术研究和新产品试制以及科学试验等方面消费的能源。

（4）为工业生产活动进行的修改、设备大修理消费的能源。

（5）企业内部为生产活动服务的、不具有单独核算管理机构的交通运输工具消费的能源。

（6）企业机关（厂部、企业管理办公楼）消费的能源。

（7）改善生产、管理区域环境和劳动保护消费的能源。

3. 工业企业非生产能源消费量

工业企业非生产能源消费量是指工业企业能源消费中，除"工业生产能源消费"以外消费的能源。包括以下几项：

（1）企业附属的非工业、非独立核算的生产经营活动单位消费的能源。如企业非独立核算的施工单位、农场、车队等单位消费的能源。

（2）企业附属的非独立核算的、非生产经营性服务单位消费的能源，如科研单位、招待所、学校、医院、食堂、托儿所等单位消费的能源。

4. 用做原材料的能源消费量

用做原材料的能源消费量是指能源产品不做能源使用，即不作燃料、动力使用，而作为生产工业产品的原料或辅助材料使用所消费的能源。如用煤作为原料生产合成氨，用原料油生产燃料、塑料、乙烯、化纤，用煤油洗涤机器，用汽油、溶剂油作溶剂生产油漆等。他与用做加工转换投入量的区别在于：用做加工转换时，投入的是能源，产出的主要产品还是能源。用做原材料时，投入的是能源，产出的主要产品属于能源范畴以外的产品，包括产出的某种产品在广义上可用作能源，但通常意义上不作能源使用的产品。

5. 工业企业交通工具能源消费量

工业企业交通工具能源消费量是指在厂区内、外进行交通运输活动的交通运输工具所消费的能源。如企业的各种运料车（船）、班车、办公用车等消费的能源，吊装、运输等其他专用交通工具（车、船）消费的能源。如果工业企业所属的车队是独立核算企业，其消费的能源既不能包括在"工业企业交通运输工具的能源消费"中，亦不能包括在"工业企业能源消费"中，其能源消费属于交通运输业企业能源消费。交通工具消费的能源是汽油、柴油、燃料油、天然气、液化石油气、电力等。

6. 综合能源消费量

综合能源消费量是指规定的能耗体系在一段时间内，投入的各种能源实物量按规定的计算方法和单位分别折算后的总和，不包括该耗能体系向外提供的自产二次能源数量。

综合能源消费量按公式（3-1）计算：

$$E_x = \sum_{i=1}^{n} E_i r_i - \sum_{j=1}^{m} E_j r_j + \sum_{k=1}^{p} E_k r_k \qquad (3-1)$$

式中　E_x——综合能源消费量，tce；

E_i——企业投入第 i 种能源食物消费量，t 或其他能源实物量单位；

E_j——本企业加工转换的第 j 种二次能源实物产量，t 或其他能源实物量单位；

E_k——本企业加工转换的第 k 种自产二次能源实物自用量，t 或其他能源实物量单位；

r_i——第 i 种能源折标准煤系数；

r_j——第 j 种能源折标准煤系数；

r_k——第 k 种能源折标准煤系数；

n,m,p——企业能源的种类数。

以上定义和计算方法参照 Q/SY 61—2011《节能节水统计指标及计算方法》。

1）工业企业综合能源消费量

工业企业综合能源消费量是指工业企业在工业生产和非工业生产过程中实际消费的各种能源的总和。计算工业企业综合能源消费量时，需要先将使用的各种能源折算成标准燃料后再进行计算。其在不同的企业有不同的算法：

（1）没有能源回收能利用的非能源加工转换工业企业：

企业综合能源消费量＝各种能源消费（折标煤）的合计。

（2）有能源回收能利用的非能源加工转换工业企业：

企业综合能源消费量＝各种能源消费的合计（包括回收能消费，折标准煤）－回收能利用量（折标煤）。

（3）没有能源回收能利用的能源加工转换工业企业：

企业综合能源消费量＝各种能源消费的合计（包括能源加工转换的投入量，折标煤）－能源加工转换产出量的合计（折标煤）。

（4）有能源回收能利用的能源加工转换工业企业：

企业综合能源消费量＝各种能源消费的合计（包括能源加工转换的投入量和回收能消费量，折标煤）－能源加工转换产出量的合计（折标煤）－回收能利用量的合计（折标煤）。

2）工业生产综合能源消费量

工业生产综合能源消费量是指工业企业为进行工业生产活动而实际消费的各种能源总和。不包括非工业生产能源消费。计算企业工业生产综合能源消费量时，应先将使用的各种能源折算成标准燃料后再进行计算。其在不同的企业亦有不同的计算方法。

（1）没有能源回收能利用的非能源加工转换工业企业：

工业生产综合能源消费量＝工业生产消费的各种能源的合计（折标煤）。

（2）有能源回收能利用的非能源加工转换工业企业：

工业生产综合能源消费量＝工业生产消费的各种能源的合计（包括回收能消费，折标准煤）－回收能利用量（折标煤）。

（3）没有能源回收能利用的能源加工转换工业企业：

工业生产综合能源消费量＝工业生产消费的各种能源的合计（包括能源加工转换的投入量，折标煤）－能源加工转换产出量（折标煤）的合计。

（4）有能源回收能利用的能源加工转换工业企业：

工业生产综合能源消费量＝工业生产消费的各种能源的合计（包括能源加工转换的投入量和工业生产消费的回收能，折标煤）－能源加工转换产出量的合计（折标煤）－回收能利用量的合计（折标煤）。

二、能源消耗

1. 能源消耗量

能源消耗量是指规定的能耗体系在一段时间内,实际消耗的各种能源实物量按规定的计算方法和单位分别折算为标准煤后的总和,不包括原料量以及该耗能体系向外提供的自产二次能源数量。

能源消耗量按公式(3-2)计算:

$$E_h = \sum_{s=1}^{q} (E_s - E_s' + E_s'') \cdot r_s \qquad (3-2)$$

式中　E_h——能源消耗量,tce;

　　　E_s——企业实际消耗的第 s 种能源实物量(不包括原料量),t 或其他能源实物量单位;

　　　E_s'——本企业加工转换的第 s 种二次能源能源实物产量,t 或其他能源实物量单位;

　　　E_s''——本企业加工转换的第 s 种二次能源能源实物自用量,t 或其他能源实物量单位;

　　　r_s——第 s 种能源折标准煤系数;

　　　q——企业消耗能源的种类数。

以上引自 Q/SY 61—2011《节能节水统计指标及计算方法》。

油田业务能源消耗总量是指油田企业在原油(伴生气)生产过程中消耗的各种实物能源折成标准煤的总和,包括为生产服务的辅助设施的能耗。

气田业务能源消耗总量是指气田企业在气田气生产过程中消耗的各种实物能源折成标准煤的总和,包括为生产服务的辅助设施的能耗。

2. 能源消耗费用

能源消耗费用是指规定的耗能体系在一段时间内,实际消耗各种能源实物的费用之和。

能源消耗费用按公式(3-3)计算:

$$R = \sum_{s=1}^{q} (E_s - E_s' + E_s'') \cdot d_s \times 10^{-4} \qquad (3-3)$$

式中　R——能源消耗费用,万元;

　　　d_s——第 s 种能源单价,元/计量单位。

以上引自 Q/SY 61—2011《节能节水统计指标及计算方法》。

3. 实物消耗

实物消耗各项包括原煤、原油(自用、损耗)、天然气(自用、损耗)、电力(企业外购入、企业外供出、企业内购入、企业内供出)、重油、汽油、柴油、炼厂干气、液化气、催化烧焦、热力(企业外购入、企业外供出、企业内购入、企业内供出)、其他。

1) 原煤

原煤是指经煤矿开采出来,筛除 50mm 以上的矸石和杂物(黄铁矿等)后未经洗选加工的煤。原煤是无烟煤、烟煤和褐煤及这三种煤的天然焦和劣质煤的总称,但不包括石煤、风化煤、矸石煤、泥煤等低热值煤。

洗煤指原煤经过洗选、分级等加工处理,降低了灰分、硫分,去除了一些杂质从而达到适合某些专门用途的优质煤。包括冶炼用炼焦精煤和其他用途的精煤。

焦炭指由炼焦洗精煤(或原煤)经高温干馏而得,具有一定块度、强度和气孔率等物理性能,低灰分、低硫分,适于冶金、化工、铸造等用途的固体燃料。按粒度可分为块焦(>25mm)、碎焦(10 ~ 25mm)和焦屑(<10mm)。焦煤应按干焦(不含水分)计算。

2) 原油

原油分天然原油和人造原油。天然原油指直接从油井中开采出来的原油,包括从天然气中回收的凝析油。人造原油包括用油页岩经干馏后得的原油,从干馏瓦斯中回收的轻质油和重质油,经过低温干馏或合成炼制的煤炼原油,以及炼焦炉和煤气发生炉回收的低温焦油(其最终加热温度一般为 500 ~ 600℃),但不包括高温焦油(其加热温度为 900 ~ 1000℃)。

油气田原油自用量指内部自用的全部原油量,包括采油生产自用量、油田外输管道用油量和其他原油自用量。采油生产自用量指原油生产、集输、储运过程中加热炉、水套炉、注水系统以及本单位井下作业过程中耗用的原油。油田外输管道用油量指油田所属对外收费的长输管道加热用油量和不计入油田损耗量中的管道损耗量。其他原油自用量指油田内部所属的其他工业生产单位和其他非工业生产部门用油量。

油气田原油损耗量：指定额损耗量、清罐损耗量、事故损耗量之和。

定额损耗量——指原油在集输、储存、装卸、脱水、脱盐、脱气等过程中发生的自然损耗，按测定的损耗率计算。定额损耗量必须定期测定，报股份公司批准执行。如果原油实际损耗量低于定额损耗量按实际损耗量计算，超过定额损耗量的按定额损耗量计算。

清罐损耗量——指在清除油罐底部沉积的泥、沙、杂质过程中发生的原油损耗量。

事故损耗量——指原油在储、输过程中因事故发生的跑油、溢油、漏油、火灾等事故损耗量，回收部分应冲减事故损耗量。

3）天然气

天然气是一种蕴藏在地层的可燃气体，主要成分是碳氢化合物，其中以甲烷、氢、烃类为主。天然气分气田天然气、油田伴生天然气、煤田天然气（煤矿瓦斯气）。

天然气自用量指企业内部自用的全部天然气产量，包括生产自用量和其他自用量。生产自用量包括采油气和输油气过程中自用的气量。其他用气量是指企业内其他单位和生活等用气量。

油气田天然气损耗量指在采、集、输、净化等过程中的全部损耗气量。

4）电力

电力是指火电、水电、核电、风电及其他能量发电。

5）热力

热力是指可提供热源的热水以及过热或饱和蒸汽。

6）汽油

汽油是原油经炼制加工取得的产品之一，是挥发性高、燃点低的轻质油，分车用汽油和航空汽油。

7）柴油

柴油是煤油之后的馏分，挥发性比煤油低、燃点比煤油高的轻质油。分轻柴油、重柴油和其他柴油。

汽油、柴油的实物消耗量主要指用于交通工具、发电等生产服务的消耗量。

8）煤油

煤油是汽油之后的馏分，是挥发性比汽油低、燃点比汽油高的轻质油。

9）燃料油

燃料油一般是指炼厂渣油、油浆等，不包括用作燃料的原油、柴油等。它是原油炼制加工后，分馏出汽油、柴油和煤油以后剩余的一种重质残余物。

10）炼厂干气

炼厂干气是炼油精制过程中产生并回收的气体，主要成分是甲烷、乙烷、丙烷和氢气。

11）液化石油气（液化气）

液化气是炼油精制或油田伴生气处理过程中产生并回收的气体，经加工后冷却压缩成的液态产品，其主要成分是丁烷、丙烯和丁烯。

12）煤气

煤气是指在炼焦炭和焦油产品的同时得到的可燃气体。其主要成分为甲烷、氢和一氧化碳。

13）其他能源

其他能源是指除以上能源实物品种外的能源，主要有：其他石油制品，即炼油生产过程中除以上列出的成品油外的溶剂油、化工轻油、烧焦等；其他焦化产品，指炼焦生产过程中除产出焦炭和焦炉煤气以外的焦化产品，如高温煤焦油、粗苯等；生物质能，如薪柴、秸秆、沼气等。

14）原油替代量

原油替代量是指在报告期内新增的以原煤、天然气或其他能源替代的原油量。

三、能源加工转换

能源加工转换是指为了特定的用途，将一种能源（一般为一次能源）经过一定的工艺流程，加工或转换成另一种能源（二次能源）。能源的加工与转换，既有联系，又有区别。

能源加工是指能源物理形态的变化,加工前后构成能源的主体物质的化学属性和能量形态不发生变化。比如用蒸馏的方式将原油炼制成汽油、煤油、柴油等石油制品;用筛选、水洗的方式将原煤洗选成洗煤;以焦化方式将煤炭高温干馏成焦炭;以气化方式将煤炭气化成煤气等。这些方法在加工前后,能源的化学属性和能量形态均未发生质的变化。

能源转换是指能源化学属性和能量形态的变化,转换前后构成能源的主体物质的化学属性或能量形态发生了变化。比如经过一定的工艺过程,将煤炭、重油等转换为电力和热力,将热能转换为机械能,将机械能转换为电能,将电能转换为热能;用裂化工艺将重油裂解为轻质油,用一定工艺将煤炭转化为柴油等。

1. 加工转换投入量

加工转换投入量是指生产二次能源的企业,向能源加工转换装置投入的各种能源数量,在能源平衡表中用"－"表示投入量。火力发电的投入量指火力发电机组消耗的燃料量;供热投入指供热锅炉消耗的燃料量;洗煤投入量指投入洗选的原煤量;炼焦投入量指炼焦炉用的原料煤量;炼油投入量指石油炼油装置加工的原油量或原料油量,制气投入量指煤气生产装置使用的原料煤量或原料油量;天然气液化投入量指气态天然气进入液化装置的量;煤制品加工投入量指原料煤使用量。加工转换投入量不包括厂内的生产工艺、维修、照明等的消费量以及电厂的厂用电量,这部分用能直接计入终端消费。

2. 加工转换产出量

加工转换产出量是指经过能源加工转换装置产出的二次能源产品及其他石油制品和焦化产品。包括:火力发电产出的电力(火电机组的发电量),供热产出指生产企业对外提供的热力(蒸汽、热水),洗煤产出的洗精煤和其他洗煤,炼焦产出的焦炭、焦炉煤气和其他焦化产品,天然气液化产出的液化天然气(液态天然气),煤制品加工产出的煤制品(煤球、蜂窝煤、水煤浆等)。

3. 工业企业回收能利用量

工业企业回收能利用量是指企业从排放的废气、废液、废渣及其余热以及工艺过程的温差、压差等所含的能量中回收利用的能源量(能量)。

包括：

（1）废气、废液、废渣及其余热，直接作为燃料、热力利用的能源量。比如高炉煤气、煤矸石、蔗渣等直接用作燃料；类似于热力的蒸汽、热水（回收后没有再升温）直接用于供热等。

（2）把从排放的废气、废液、废渣以及工艺过程的温差、压差等所含的能量，作为能源加工转换的投入量，生产能源类产品。比如用于生产电力、热力、燃气、固体和液体燃料等。

（3）余热、余能以及上述加工转换的能源产品的对外供应量。

第二节　单耗指标

油气田单耗类指标主要包括：万元工业产值综合能耗、万元增加值综合能耗、单位油气当量生产综合能耗、单位油气当量液量生产综合能耗、单位油（气）生产综合能耗、单位油（气）液量生产综合能耗、单位油（气）生产电耗、单位采油（气）液量电耗、单位油气集输综合能耗、单位注水量电耗、单位气田生产综合能耗、单位天然气净化综合能耗、单位气田采集输综合能耗等。

一、万元工业产值综合能耗

参照 Q/SY 61—2011，万元工业产值综合能耗是指企业综合能源消费量与以万元为单位的工业总产值的比值。

万元工业产值综合能耗按公式（3－4）计算：

$$M_{cz} = \frac{E}{R_{cz}} \qquad (3-4)$$

式中　　M_{cz}——万元工业产值综合能耗，tce/万元；

　　　　E——企业综合能源消费量，tce；

　　　　R_{cz}——企业工业总产值，万元。

万元工业产值综合能耗是反映企业能源经济效益高低的综合指标，对企业进行节能改造（调整生产结构，加强管理），使综合能耗降低，工业总产值增加;或者使工业总产值的增长速度大于综合能耗的增长速度,则可实现万元产值综合能耗降低,达到节能降耗的目标。

工业总产值是指工业企业在报告期内生产的、以货币形式表现的工业最终产品和提供工业劳务活动的总价值量。包括生产的成品价值、对外加工费收入、自制半成品在制品期末期初差额价值三部分,数据取自各企业财务报表。

根据计算工业总产值的价格不同,工业总产值又分为工业总产值(现价)和工业总产值(可比价),工业总产值(可比价)是指在计算不同时期工业总产值时,对同一产品采用同一时期的工业产品出厂价格作为计算总产值的基准,目前多采用2010年产品价格作为可比价计算基准。

可比价格的计算:

(1)有基期价格记录的企业,可以采用基期法计算可比价。

报告期工业总产值(可比价) = 报告期的产量 × 基期价格

(2)没有基期价格记录或不能采用基期法的企业,可根据企业所处行业及主业结构选取相应价格指数,采用价格指数法计算可比价。

工业总产值(可比价) = 报告期工业总产值(现价)/基期下一年度到当年的所有价格指数连乘

例如:2013年工业总产值(可比价) = 2013年工业总产值(现价)/[2011年价格指数 × 2012年价格指数 × 2013年价格指数]。

二、万元增加值综合能耗

参照 Q/SY 61—2011,万元增加值综合能耗是指企业综合能源消费量与以万元为单位的增加值的比值。

万元增加值综合能耗按公式(3-5)计算:

$$M_{zj} = \frac{E}{R_{zj}} \qquad (3-5)$$

式中　M_{zj}——万元增加值综合能耗,tce/万元;

　　　R_{zj}——企业增加值,万元。

企业增加值是指企业在生产产品或提供服务过程中创造的新增价值和固定资产转移价值,可分为工业企业增加值和非工业企业增加值。

工业企业万元增加值综合能耗(tce/万元) = 综合能源消费量(tce)/增加值(万元)

非工业企业万元增加值能耗(tce/万元) = 能源消费总量(tce)/增加值(万元)

集团万元增加值综合能耗(tce/万元) = [工业企业综合能源消费量(tce) + 非工业企业能源消费总量(tce)]/增加值(万元)

增加值是指企业在生产产品或提供服务过程中创造的新增价值和固定资产转移价值。增加值有两种计算方法,即生产法和收入法,数据均取自各企业财务报表。

(1)生产法计算公式:

增加值 = 工业总产值 - 中间投入 + 应交增值税

(2)收入法计算公式:

增加值 = 劳动者报酬 + 生产税净额 + 固定资产折旧 + 营业盈余

劳动者报酬是指劳动者为企业提供服务获得的全部报酬。主要包括本年在成本费用中列支的工资(薪金)所得、职工福利费、社会保险费、公益金以及其他各种费用中含有和列支的个人报酬部分。

固定资产折旧是指企业当年提取的固定资产折旧费。

生产税净额是指国家对企业生产、销售产品和从事生产经营活动所征收的各种税金、附加费和规费等扣除生产补贴后的净额。各种税费主要有:本年应交的增值税、主营业务(产品销售)税金及附加在管理费用中列支的税费等。扣除的内容主要有:国家财政对企业的政策性亏损补贴、奖励、价格补贴、外贸企业的出口退税和补交往年税款等;规费是指国家和省级以上政府部门规定必须交纳的费用,如教育附加费、环境保护费、定额测定管理费、河道工程修建维护管理费等。

营业盈余是指企业本年的营业利润加补贴,主要包括:企业营业利润、补贴收入等。

工业企业原则上按照生产法计算增加值,非工业企业原则上按照收入法计算增加值。

增加值(可比价) = 增加值(现价)/基期下一年度到当年的所有价格指数连乘

例如:2013 年增加值(可比价) = 2013 年增加值(现价)/[2011 年价格指数 × 2012 年价格指数 × 2013 年价格指数]。

三、单位油气当量生产综合能耗

单位油气当量生产综合能耗是指油气田生产能源消耗量与油气当量产量的比值。

单位油气当量生产综合能耗按公式(3-6)计算:

$$M_d = \frac{E_{hq}}{G_y + G_{ny} + (G_{qq} + G_{qb}) \cdot r_y} \qquad (3-6)$$

式中 M_d——单位油气当量生产综合能耗,kgce/t;

E_{hq}——油气田企业生产能源消耗量,kgce;

G_y——原油产量,t;

G_{ny}——气田凝析油产量,t;

G_{qq}——气田天然气产量,$10^4 m^3$;

G_{qb}——伴生气产量,$10^4 m^3$;

r_y——天然气折原油系数,$r_y = 7.9681 t/10^4 m^3$。

该指标定义和计算方法引自 Q/SY 61—2011《节能节水统计指标及计算方法》。

【例3-1】计算某油田 2012 年单位油气当量生产综合能耗。

该单位油田业务能源消耗总量为 3926963.82tce,气田业务能源消耗总量为 95008.18tce,则该油田本年油气田生产能源消耗总量为 4021972tce。油田原油产量 $4000.04 \times 10^4 t$,天然气产量 $336817 \times 10^4 m^3$(折原油 $268.38 \times 10^4 t$),则该年油气当量产量为 $4268.42 \times 10^4 t$。

由此计算出该油田 2012 年单位油气当量生产综合能耗

$= (392.69 + 9.5) \times 10^3 / (4000.04 + 268.38) = 94.23 kgce/t$。

四、单位油气当量液量生产综合能耗

单位油气当量液量生产综合能耗是指油气田生产能源消耗量与油气当量产液量(原油、天然气当量产量和产水量之和)的比值。

单位油气当量液量生产综合能耗按公式(3-7)计算:

$$M_{dy} = \frac{E_{hq}}{G_y + G_{ny} + (G_{qq} + G_{qb}) \cdot r_y + G_s} \qquad (3-7)$$

式中　M_{dy}——单位油气当量液量生产综合能耗,kgce/t;

　　　G_s——油(气)井产出液中产水量,t。

该指标定义和计算方法引自 Q/SY 61—2011《节能节水统计指标及计算方法》。

【例 3 - 2】计算某油田 2012 年油气当量液量生产综合能耗。

2012 年该油田产水量为 48641. 15 × 10^4 t,油气当量产量为 4268. 42 × 10^4 t,油气当量液量为 52909. 57 × 10^4 t。油田业务能源消耗总量为 4021972tce。

因此,该油田 2012 年油气当量液量生产综合能耗

$= 402. 2 × 10^3 / (48641. 15 + 4268. 42) = 7. 6 kgce/t$。

五、单位原油(气)生产综合能耗

单位原油(气)生产综合能耗是指油田生产能源消耗量与原油和伴生气当量产量的比值。

单位原油(气)生产综合能耗按公式(3 - 8)计算:

$$M_y = \frac{E_{hy}}{G_y + G_{qb} \cdot r_y} \qquad (3 - 8)$$

式中　M_y——单位原油(气)生产综合能耗,kgce/t;

　　　E_{hy}——油田生产能源消耗量,kgce。

该指标定义和计算方法引自 Q/SY 61—2011《节能节水统计指标及计算方法》。

【例 3 - 3】计算某油田 2012 年单位原油(气)生产综合能耗。

2012 年某油田原油产量 4000. 04 × 10^4 t,伴生气产量 20. 34 × 10^4 m^3(折原油 162. 11 × 10^4 t)。油田业务生产能耗总量为 392. 7 × 10^4 tce。

因此,2012 年该油田单位原油(气)生产综合能耗

$= 392. 7 × 10^3 / (4000. 04 + 162. 11) = 94. 35 kgce/t$。

六、单位原油(气)液量生产综合能耗

单位原油(气)液量生产综合能耗是指油田生产能源消耗量和产液量

（原油、伴生气当量产量和产水量之和）的比值。

单位原油（气）液量生产综合能耗按公式（3-9）计算：

$$M_{yy} = \frac{E_{hy}}{G_y + G_{qb} \cdot r_y + G_s} \qquad (3-9)$$

式中　M_{yy}——单位原油（气）液量生产综合能耗，kgce/t。

该指标定义和计算方法引自 Q/SY 61—2011《节能节水统计指标及计算方法》。

【例3-4】计算某油田2012年单位原油（气）液量生产综合能耗。

2012年某油田产水量48641.15×10⁴t，原油产量及伴生气折油量共计4162.15×10⁴t。

单位原油（气）液量生产综合能耗

＝392.7×10³/（48641.15+4162.15）＝7.44kgce/t。

七、单位油（气）生产电耗

单位油（气）生产电耗是指油田生产用电量与原油和伴生气当量产量的比值。

单位油（气）生产电耗按公式（3-10）计算：

$$D_{sc} = \frac{E_{sc}}{G_y + G_{qb} \cdot r_y} \qquad (3-10)$$

式中　D_{sc}——单位油（气）生产电耗，kW·h/t；

　　　E_{sc}——油田生产用电量，kW·h。

该指标定义和计算方法引自 Q/SY 61—2011《节能节水统计指标及计算方法》。

【例3-5】计算某油田2012年单位油（气）生产电耗。

2012年某油田油气生产的耗电量293010012 kW·h，原油产量1650016t，伴生气产量487430000m³，折油气当量共计165+48743/1255＝203.84×10⁴t。

单位油气生产电耗

＝29301/（165+48743/1255）＝143.74kW·h/t。

八、单位采油(气)液量电耗

单位采油(气)液量电耗是指原油(气)从井下举升到井口的用电量和产液量的比值。

单位采油(气)液量电耗按公式(3-11)计算:

$$D_{cy} = \frac{E_{cy}}{G_y + G_{qb} \cdot r_y + G_s} \qquad (3-11)$$

式中　D_{cy}——单位采油(气)液量电耗,kW·h/t;

E_{cy}——采油(气)生产耗电量,kW·h。

该指标定义和计算方法引自 Q/SY 61—2011《节能节水统计指标及计算方法》。

【例3-6】计算某油田2012年单位采油(气)液量电耗。

2012 年某油田采油生产的耗电量 144249668kW·h,原油产量 1650016t,伴生气产量 $48743 \times 10^4 m^3$,产水量 $1282.68 \times 10^4 t$,折油气量共计 $165 + 48743/1255 = 203.84 \times 10^4 t$。

单位采油(气)液量电耗

$= 14424.97/(165 + 48743/1255 + 1282.68) = 9.7 kW·h/t$。

九、单位油气集输综合能耗

单位油气集输综合能耗是指原油(气)从井口产出到合格原油和天然气外输首站的整个过程(包括油气集输和处理)的能源消耗量与产液量的比值。

单位油气集输综合能耗按公式(3-12)计算:

$$D_{js} = \frac{E_{js}}{G_y + G_{qb} \cdot r_y + G_s} \qquad (3-12)$$

式中　D_{js}——单位油气集输综合能耗,kgce/t;

E_{js}——采油集输能源消耗量,kgce。

该指标定义和计算方法引自 Q/SY 61—2011《节能节水统计指标及计算方法》。

【例3-7】计算某油田2012年单位油气集输综合能耗。

2012 年某油田油气生产能源消耗量 44719.57tce,其中天然气消耗量 39486.48tce,电力消耗量 5233.09tce,原油产量 165×10^4t,伴生气产量 $48743 \times 10^4 m^3$,折油气量共计 $165 + 48743/1255 = 203.84 \times 10^4$t。产水量 1282.68×10^4t。

单位油气集输综合能耗

$$= 44719.57/(203.84 + 1282.68) = 3.01 kgce/t。$$

十、单位注水量电耗

单位注水量电耗是指油田开采用于驱油的注水用电量与注水量的比值。

单位注水量电耗按公式(3-13)计算:

$$D_{zs} = \frac{E_{zs}}{W_{zs}} \qquad (3-13)$$

式中　D_{zs}——单位注水量电耗,$kW \cdot h/ m^3$;

　　　E_{zs}——油田注水的耗电量,$kW \cdot h$;

　　　W_{zs}——油田注水量 m^3。

该指标定义和计算方法引自 Q/SY 61—2011《节能节水统计指标及计算方法》。

【例 3-8】计算某油田 2012 年单位注水量电耗。

2012 年某油田注水耗电量 $3664.56 \times 10^4 kW \cdot h$,注水量 $417.79 \times 10^4 m^3$。

单位注水量电耗 $= 3664.56/417.79 = 8.77 kW \cdot h/ m^3$。

十一、单位气田生产综合能耗

单位气田生产综合能耗是指气田在开采、收集、预处理、净化天然气过程中的各种能源消耗量(包括采气、集气、增压、配气、输气、清管、阴极保护、脱水、单井脱硫、净化、生产管理等过程消耗的各种能源)与气田天然气产量的比值。

单位气田生产综合能耗按公式(3-14)计算:

$$D_{qt} = \frac{E_{qt}}{G_{qq} + G_{ny}r_q} \qquad (3-14)$$

式中　D_{qt}——气田企业生产能源消耗量，$kgce/10^4 m^3$；

　　　G_{qq}——气田天然气产量，$10^4 m^3$；

　　　G_{ny}——气田凝析油产量，t；

　　　r_q——气田凝析油折天然气系数，$r_q = 0.1255 \times 10^4 m^3/t$。

该指标定义和计算方法引自 Q/SY 61—2011《节能节水统计指标及计算方法》。

【例 3 – 9】计算某气田 2012 年单位气田气生产综合能耗。

2012 年某单位气田业务能源消耗总量为 875087.57tce，天然气自营产量为 $1304266 \times 10^4 m^3$，气田凝析油 141422t（折天然气 $17748.46 \times 10^4 m^3$）。则气田气产量为 $1304266 + 17748.46 = 1322014.46 \times 10^4 m^3$。

由此计算出该单位 2012 年单位气田气生产综合能耗

$= 875087.57 \times 10^3 / 1322014.46 = 661.91 kgce/10^4 m^3$。

十二、单位天然气净化综合能耗

天然气净化综合能耗是指气田企业在天然气净化生产过程中消耗的各种能源的总和（包括天然气净化生产装置、辅助生产系统及附属系统消耗的各种能源）。

单位天然气净化综合能耗按公式（3 – 15）计算：

$$D_{jh} = \frac{E_{jh}}{G_{jh}} \qquad (3 - 15)$$

式中　D_{jh}——单位天然气净化综合能耗，$kgce/10^4 m^3$；

　　　E_{jh}——天然气净化能耗，kgce；

　　　G_{jh}——天然气处理量，$10^4 m^3$。

该指标定义和计算方法引自 Q/SY 61—2011《节能节水统计指标及计算方法》。

【例 3 – 10】计算某气田 2012 年单位天然气净化综合能耗。

2012 年某单位净化厂共处理天然气 $675707.34 \times 10^4 m^3$，天然气净化能耗为 311821.75tce。

则单位天然气净化综合能耗

$= 311821.75 \times 10^3 / 675707.34 = 461.47 kgce/10^4 m^3$。

十三、单位气田集输综合能耗

单位气田集输综合能耗是指气田在开采、收集、预处理天然气过程中的能源消耗量(包括采气、集气、增压、配气、输气、清管、阴极保护、脱水、单井脱硫、生产管理等过程消耗的各种能源)与气田天然气产量的比值。

单位气田集输综合能耗按公式(3-16)计算:

$$D_{js} = \frac{E_{qt} - E_{jh}}{G_{qq} G_{ny} r_g} \qquad (3-16)$$

该指标定义和计算方法引自 Q/SY 61—2011《节能节水统计指标及计算方法》。

【例3-11】计算某气田2012年单位气田采集输综合能耗。

2012年某单位气田业务能源消耗总量为875087.57tce,其中天然气净化能耗为311821.75tce,由于气田业务包含集输和净化2部分,因此,采集输能耗=875087.57-311821.75=563265.82tce。天然气产量为1304266×$10^4 m^3$,气田凝析油141422t(折天然气17748.46×$10^4 m^3$)。则该公司气田气产量为1322014.46×$10^4 m^3$。

该单位2012年单位采集输生产综合能耗

=563265.82×10^3/1322014.46=426.07kgce/$10^4 m^3$。

第三节　主要生产系统(设备类)指标

油气田企业的主要耗能设备有抽油机(泵)、电潜泵、注水泵、输油泵、输水泵、加热炉、锅炉、压缩机、钻机、风机、特种车辆、运输车辆以及传送能量的供配电网、热力管道和需要伴热保温的管道、储罐等。关于重点耗能设备的界定目前尚未有具体标准细则颁布。油气田能耗统计上的重点耗能设备一般指功率在50kW以上的机、泵、车,同时包括绝大部分的锅炉、加热炉。根据《石油石化企业节能节水管理》,参照SY/T 5264—2012《油田生产系统能耗测试和计算方法》,主要耗能设备情况一般统计以下内容。

一、设备在用台数

设备在用台数是指报告期内正在运行和备用的主要耗能设备数量,不包括封存和停用的设备。

二、装机容量或负荷

装机容量或负荷是指在用主要耗能设备的额定功率或额定热负荷,即设备的设计最大功率,单位用 kW 表示。注水泵、输油泵、抽油机、电潜泵、风机、机泵、压缩机、钻机按电动机额定功率计;锅炉容量按额定热功率计;加热炉容量按额定热负荷计。传统上锅炉的容量单位用 t/h 表示,加热炉的容量单位用万 kcal/h 表示,其换算关系是:1t/h≈698kW,1×10^4 kcal/h≈11.63kW。

三、更新、改造及测试台数

耗能设备的更新、改造及测试台数是指企业在报告期内对在用的主要耗能设备实施更新、改造和测试数量,从而了解设备新度情况和节能改造效果。主要耗能设备年度测试率应达到《集团公司节能节水监测管理规定》中的有关要求。

四、设备效率及平均设备效率

主要耗能设备平均效率的计算均以实际测试数据为依据,以相应设备装机容量为权数加权平均。

1. 设备效率

设备效率是指设备转换或利用能量的有效程度,通常是通过对耗能进行测试计算得到的。

设备效率按公式(3 - 17)计算:

$$\eta_{SB} = \frac{Q_{YS}}{Q_{GJ}} \times 100\% \quad 或 \quad \eta_{SB} = \left(1 - \frac{Q_{SS}}{Q_{GJ}}\right) \times 100\% \quad (3 - 17)$$

式中 η_{SB}——设备效率；

$\quad\quad Q_{YS}$——有效能量；

$\quad\quad Q_{GJ}$——供给能量；

$\quad\quad Q_{SS}$——损失能量。

2. 平均设备效率

平均设备效率是指报告期内同种耗能设备的效率按耗能量进行加权计算得到的平均值。

平均设备效率按公式(3 – 18)计算：

$$\overline{\eta}_{SB} = \frac{\sum (Q_{GJi} \times \eta_{SBi})}{\sum Q_{GJi}} \quad\quad (3 - 18)$$

式中 $\overline{\eta}_{SB}$——平均设备效率；

$\quad\quad \eta_{SBi}$——第 i 台设备的效率；

$\quad\quad Q_{GJi}$——第 i 台设备在报告期的耗能量,当耗能种类不同时要折算为标准煤。

下面给出一些常用主要耗能设备的设备效率参考值。

根据 SY/T 6374—2008《机械采油系统经济运行规范》,抽油机(泵):抽油机采油系统电动机功率利用率达到 20% 为合格。稀油井抽油泵排量系数达到 0.45 为合格,稠油井排量系数达到 0.4 为合格。抽油机采油系统的平衡度应达到 80% ~110%。电潜泵采油系统电动机功率利用率达到 85% 为合格。电潜泵系统泵排量效率达到 0.85 为合格。螺杆泵采油系统电动机功率利用率达到 35% 为合格。螺杆泵排量系数达到 0.5 为合格。

注水泵机组运行效率判别和评价指标参考值见表 3 – 1。

表 3 – 1　注水泵机组运行效率判别和评价指标(SY/T 6569—2010)

注水泵类型	流量 Q,m³/h	注水泵机组运行效率,%	
		合格	优良
离心泵	$Q < 100$	≥58	≥69
	$100 \leqslant Q < 250$	≥64	≥75
	$250 \leqslant Q < 300$	≥72	≥77
	$Q \geqslant 300$	≥74	≥79

注水泵类型	流量 Q，m^3/h	注水泵机组运行效率，%	
		合格	优良
往复泵	$Q < 50$	≥76	≥85
	$Q \geqslant 50$	≥78	≥86

注：Q 为注水泵额定流量（对于离心泵）或理论流量（对于往复泵）。

空气压缩机的机组经济运行参考值见表 3 - 2。

表 3 - 2　空气压缩机组经济运行参考值（SY/T 6836—2011）

评判项目	运行级别	评判指标 D，kW		
空气压缩机用电单耗，$kW \cdot h/m^3$	合格	$D \leqslant 45$	$55 \leqslant D \leqslant 160$	$D \geqslant 200$
		≥0.129	≥0.115	≥0.112

五、系统效率及平均系统效率

1. 系统效率

一个能源利用工艺系统中，包括能量的产生、传递、利用等设备，如果把它们看作是一个整体（系统），则系统有效利用的能量与供给系统的全部能量之比就是系统效率，它也等于各个分设备效率的乘积。

系统效率按公式（3 - 19）计算：

$$\eta_{XT} = \frac{Q_{XTYS}}{Q_{GJXT}} \quad 或 \quad \eta_{XT} = \prod \eta_n \qquad (3 - 19)$$

式中　η_{XT}——系统效率，%；

$\quad\quad Q_{XTYS}$——系统有效利用的能量；

$\quad\quad Q_{GJXT}$——供给系统的全部能量；

$\quad\quad \eta_n$——系统中第 n 种设备的效率。

2. 平均系统效率

平均系统效率是指报告期内同种耗能系统的效率按耗能量进行加权计算得到的平均值。

平均系统效率按公式(3-20)计算:

$$\bar{\eta}_{XT} = \frac{\sum (Q_{GJXTi} \eta_{XTi})}{\sum Q_{GJXTi}} \qquad (3-20)$$

式中　$\bar{\eta}_{XT}$——平均系统效率;

　　　η_{XTi}——第i个系统的效率;

　　　Q_{GJXTi}——第i个系统在报告期的耗能量,当耗能种类不同时要折算为标准煤,tce。

石油石化企业的主要耗能系统有抽油机系统(包括电潜泵系统)、注水系统、输油系统、供电系统和供热系统。通常由电动机和泵类工作机组成的用能系统,其系统效率一般是电机、泵(风机)、阀组的总效率。

参考SY/T 6275—2007《油田生产系统节能监测规范》,下面给出了一些常用相关系统效率的参考值。

1)机采系统

抽油机井监测项目与指标要求见表3-3,油田渗透率对机采井系统效率影响系数K_1见表3-4,泵挂深度对机采井系统效率影响系数K_2见表3-5。潜油电泵井监测项目与指标要求见表3-6。螺杆泵井监测项目与指标要求见表3-7。

表3-3　抽油机井节能监测项目与指标参考值

监测项目	限定值	节能评价值
电动机功率因数	≥0.40	—
平衡度L,%	$80 \leq L \leq 110$	—
系统效率(稀油井),%	$\geq 18/(K_1 K_2)$	$\geq 29/(K_1 K_2)$
系统效率(稠油热采井),%	≥15	≥20

注:K_1为油田渗透率对机采井系统效率影响系数;K_2为泵挂深度对机采井系统效率影响系数。

表3-4　油田渗透率对机采井系统效率影响系数

油田类型	特低渗透油田	低渗透油田	中、高渗透油田
K_1	1.6	1.4	1.0

表3-5 泵挂深度对机采井系统效率影响系数

泵挂深度,m	<1500	1500～2500	>2500
K_2	1.00	1.05	1.10

表3-6 潜油电泵井节能监测项目与指标参考值

监测项目	限定值	节能评价值
电动机功率因数	≥0.72	—
系统效率,%	≥22	≥33

表3-7 螺杆泵井节能监测项目与指标参考值

监测项目	限定值	节能评价值
电动机功率因数	≥0.72	—
系统效率,%	≥22	≥35

2)原油集输系统

泵机组及出口阀监测项目与指标参考值见表3-8。

表3-8 泵机组及出口阀门节能监测项目与指标参考值

监测项目	评价指标	$Q \leqslant 25$	$25 < Q \leqslant 50$	$50 < Q \leqslant 80$	$80 < Q \leqslant 100$	$100 < Q \leqslant 150$	$150 < Q \leqslant 200$	$200 < Q \leqslant 250$	$250 < Q \leqslant 300$	$300 < Q \leqslant 400$	$400 < Q \leqslant 600$	$Q > 600$
功率因数	限定值	≥0.82	≥0.85	≥0.85	≥0.85	≥0.86	≥0.86	≥0.86	≥0.87	≥0.87	≥0.87	≥0.87
机组效率,%	限定值	≥42	≥48	≥54	≥56	≥59	≥61	≥62	≥64	≥65	≥67	≥68
	节能评价值	≥46	≥53	≥58	≥60	≥62	≥65	≥66	≥68	≥69	≥71	≥7
节流损失率,%	限定值	≤16					≤10					

注:Q 为泵额定排量,m^3/h。

加热炉监测项目和指标参考值见表3-9、表3-10、表3-11。

表 3 - 9　燃气加热炉监测项目与指标参考值

监测项目	评价指标	$D \leqslant 0.4$	$0.4 < D \leqslant 0.63$	$0.63 < D \leqslant 1.25$	$1.25 < D \leqslant 2.00$	$2.00 < D \leqslant 2.50$	$2.50 < D \leqslant 3.15$	$D > 3.15$
排烟温度,℃	限定值	≤300	≤250	≤220	≤200	≤200	≤180	≤180
空气系数	限定值	≤2.2	≤2.0	≤2.0	≤1.8	≤1.8	≤1.6	≤1.6
炉体外表面温度,℃	限定值	≤50						
热效率,%	限定值	≥62	≥70	≥75	≥80	≥82	≥85	≥87
	节能评价值	≥70	≥75	≥80	≥85	≥85	≥88	≥89

注:D 为加热炉额定容量,MW。

表 3 - 10　燃油加热炉监测项目与指标参考值

监测项目	评价指标	$D \leqslant 0.4$	$0.4 < D \leqslant 0.63$	$0.63 < D \leqslant 1.25$	$1.25 < D \leqslant 2.00$	$2.00 < D \leqslant 2.50$	$2.50 < D \leqslant 3.15$	$D > 3.15$
排烟温度,℃	限定值	≤300	≤250	≤220	≤200	≤200	≤180	≤180
空气系数	限定值	≤2.5	≤2.2	≤2.2	≤2.0	≤2.0	≤1.8	≤1.8
炉体外表面温度,℃	限定值	≤50						
热效率,%	限定值	≥58	≥65	≥70	≥75	≥80	≥82	≥85
	节能评价值	≥70	≥75	≥78	≥80	≥85	≥87	≥88

注:D 为加热炉额定容量,MW。

表 3 - 11　燃煤加热炉监测项目与指标参考值

监测项目	评价指标	$D \leqslant 0.4$	$0.4 < D \leqslant 0.63$	$0.63 < D \leqslant 1.25$	$1.25 < D \leqslant 2.00$	$2.00 < D \leqslant 2.50$	$2.50 < D \leqslant 3.15$	$D > 3.15$
排烟温度,℃	限定值	≤300	≤280	≤250	≤220	≤220	≤200	≤180
空气系数	限定值	≤2.6	≤2.6	≤2.4	≤2.4	≤2.4	≤2.2	≤2.0

续表

监测项目	评价指标	$D\leq$0.4	0.4$<D$≤0.63	0.63$<D$≤1.25	1.25$<D$≤2.00	2.00$<D$≤2.50	2.50$<D$≤3.15	$D>$3.15
炉体外表面温度,℃	限定值	≤50						
监测项目	评价指标	≤23	≤20	≤18	≤18	≤18	≤16	≤16
炉渣含碳量,% 烟煤 / 无烟煤	限定值	≤30	≤28	≤23	≤23	≤23	≤20	≤20
热效率,%	限定值	≥50	≥55	≥65	≥70	≥70	≥75	≥80
	节能评价值	≥55	≥60	≥70	≥75	≥75	≥80	≥85

注:D 为加热炉额定容量,MW。

3)注水地面系统

注水系统包括注水泵机组、注水管网及注水井口。油田注水系统是油田耗能大户,提高注水系统效率对节能降耗具有非常重要的意义。在国家企业标准中,要求一级企业的注水系统效率不小于 50%,二级企业的注水系统效率不小于 45%。注水地面系统监测项目与指标参考值要求见表 3-12。

表 3-12 注水地面系统监测项目与指标参考值

监测项目		评价指标	$Q<$100	100≤Q<155	155≤Q<250	250≤Q<300	300≤Q<400	Q≥400
系统效率%	离心泵	限定值	≥44	≥46		≥48		
	往复泵	限定值	≥49					
	离心泵	节能评价值	≥48	≥51		≥53		
	往复泵	节能评价值	≥54					
节流损失率,%	离心泵	限定值	≤6					

监测项目		评价指标	$Q<100$	$100\leq Q<155$	$155\leq Q<250$	$250\leq Q<300$	$300\leq Q<400$	$Q\geq400$
功率因数	离心泵	限定值	≥0.85	≥0.86	≥0.87	≥0.87	≥0.87	≥0.87
	往复泵	限定值	≥0.84					
机组效率,%	离心泵	限定值	≥53	≥58	≥66	≥68	≥71	≥72
	往复泵	限定值	≥72					
	离心泵	节能评价值	≥58	≥63	≥70	≥73	≥75	≥78
	往复泵	节能评价值	≥78					

注:Q 为泵额定排量,m^3/h。

4)供配电系统

供配电系统的线损率:油田生产电网线损率[6(10)kV]:≤6.0%。(6(10)kV 变压器在实际使用中多为油浸式变压器,也是配电变压器;6(10)kV 变压器中 6 和 10 指的是该变压器输入的电压等级是 6kV 或 10kV,也就是我们通常所说的高压线电压值。它主要是将 6(10)kV 网络电压降至用户使用的 230/400V 母线电压,也就是我们常用的 220 伏和 380 伏交流电。这里指油田生产电网限损率应小于等于 6%。)一般生产电网线损率限定值应按 GB/T 16664—1996 的合格指标要求。

变压器功率因数参考值见表 3 - 13。变压器负载系数限定值按照 GB/T 16664—1996 的合格指标要求。

表 3 - 13　变压器功率因数参考值

检测项目	评价指标	110/35kV 或 35/6(10)kV 主变压器	一般生产用配电变压器	电泵井变压器	抽油机配电变压器
功率因数	限定值	≥0.95	≥0.90	≥0.72	≥0.40

5)供热系统

锅炉监测项目与指标要求应符合 GB/T 15317—2009 中的相关规定。

六、主要耗能设备(系统)的耗能量

主要耗能设备(系统)的耗能量是指报告期内该耗能设备(系统)实际消耗的各种能源量。

第四节 节 能 量

一、节能量

在第一章我们已经简单介绍过,节能量是指企业在一定时期内,为获得同样或相等的生产效果(如产量或产值)而使能源消耗减少的数量。节能量可以分为直接节能量和间接节能量。企业通过加强能源管理,减少跑、冒、滴、漏,改造低效率的生产工艺,采用新工艺、新技术、新设备和综合利用等方法,提高能源利用效率,可以直接降低单位产品(工作量)的能源消耗量;也可以通过调整经济结构和产品结构或提高产品质量等方法,间接地达到节约能源的效果。

企业节能量一般分为产品节能量、产值节能量、技术措施节能量、产品结构节能量和单项能源节能量等。

以下列出了 GB/T 13234—2009 中的某些术语和定义。

1. 节能量计算的基本原则

(1)节能量计算所用的基期能源消耗量与报告期能源消耗量应为实际能源消耗量。

(2)节能量计算应根据不同的目的和要求,采用相应的比较基准。

(3)当采用一个考察期间能源消耗量推算统计报告期能源消耗量时,应说明理由和推算的合理性。

(4)产品产量(工作量、价值量)应与能源消耗量的统计计算口径保持一致。

(5)企业对不同业务可采用不同的方法计算节能量,但对相同业务的计算方法应统一。油气田企业总节能量可为不同业务节能量独立计算之和。

2. 油气田企业节能量

油气田企业节能量是指油气田企业统计报告期内能源消耗量与按比较基准计算的能源消耗量之差。

3. 产品节能量

产品节能量是指用统计报告期产品单位产量能源消耗量与基期产品单位产量能源消耗量的差值和报告期产品产量计算的节能量。

根据 SY/T 6838—2011,产品节能量计算方法如下:

(1)油气产品节能量。

油气产品节能量按公式(3-21)计算:

$$\Delta E_c = (e_{bc} - k \times e_{jc}) \times M_b \qquad (3-21)$$

$$k = \frac{1 - (1 - \sigma) \times \delta}{1 - \delta}$$

式中　ΔE_c——油气产品节能量,tce;

　　　e_{bc}——统计报告期单位产品综合能耗,tce/t;

　　　e_{jc}——基期单位产品综合能耗,tce/t;

　　　k——油气产品节能量计算修正系数。其 k 值在 1 ~ 1.2 之间,超过
　　　　　1.2 按 1.2 计。

　　　σ——基期油田综合含水率,%;

　　　δ——统计报告期油田自然递减率,%;

　　　M_b——统计报告期油田油气产量,t。

(2)其他产品节能量。

其他产品(工作量)节能量按式(3-22)计算:

$$\Delta E_c = (e_{bqc} - e_{jqc}) \times M_{bq} \qquad (3-22)$$

e_{bqc}——统计报告期单位产品综合能耗,tce/单位产品(工作量)数量;

e_{jqc}——基期单位产品综合能耗,tce/单位产品(工作量)数量;

M_{bq}——统计报告期产品(工作量)产量。

【例3-12】计算某单位 2012 年产品节能量。

某注汽单位 2011 年完成注汽量 13.58 × 10⁴t,消耗能源 16540tce,2012 年通过优化管理,完成注汽量 14.11 × 10⁴t,消耗能源 17070tce,k 取 1,则

2012 年完成的节能量计算如下：

根据式(3-22)得：

2012 年节能量 = (17070/14.11 - 16540/13.58) × 14.11

$\qquad\qquad$ = (1209.78 - 1217.97) × 14.11

$\qquad\qquad$ = -115.57

即 2012 年完成的节能量为 115.57tce。

4. 产值节能量

产值节能量是指用统计报告期单位产值能源消耗量与基期单位产值能源消耗量的差值和报告期产值计算的节能量。

整个油气田企业或业务产值节能量按公式(3-23)计算：

$$\Delta E_z = (e_{bz} - k \times e_{jz}) \times G_{bz} \qquad\qquad (3-23)$$

式中 ΔE_z——产值节能量，tce；

$\qquad$ e_{bz}——统计报告期单位产值（或增加值）综合能耗，tce/万元；

$\qquad$ e_{jz}——基期单位产值（或增加值）综合能耗，tce/万元；

$\qquad$ G_{bz}——统计报告期总产值（或增加值，可比价），万元。

该指标定义和计算方法引自 SY/T 6838—2011《油气田企业节能量与节水量计算方法》。

【例 3-13】计算某单位 2012 年产值节能量。

某作业单位 2011 年完成作业产值 43700 万元，消耗能源 4200tce，2012 年通过优化运行管理，完成作业产值 54600 万元，消耗能源 4900tce，k 值取 1，则 2012 年完成的节能量计算如下：

根据式(3-23)得：

$\qquad$ 2012 年节能量 = (4900/54600 - 4200/43700) × 54600

$\qquad\qquad\qquad$ = (0.090 - 0.096) × 54600

$\qquad\qquad\qquad$ = -327.60

即 2012 年完成的节能量为 327.60tce。

5. 技术措施节能量

技术措施节能量是指企业实施技术措施前后能源消耗变化量。

(1)按耗能设备或系统采取节能技术措施前后能耗水平的比较按公式(3-24)计算：

$$\Delta E = (E_q - E_h) \times G_h \qquad (3-24)$$

式中　ΔE——节能量,tce;

　　　E_q——技术措施前产品单耗;

　　　E_h——技术措施后产品单耗;

　　　G_h——技术措施后的产量、工作量。

该指标定义和计算方法引自 SY/T 6838—2011《油气田企业节能量与节水量计算方法》。

【例3-14】按耗能设备或系统采取节能技术措施前后能耗水平的比较计算某单位 2012 年技措节能量。

某单位注汽锅炉注汽天然气单耗为 $70\text{m}^3/\text{t}$,通过余热回收措施的实施,注汽天然气单耗降为 $68.9\text{m}^3/\text{t}$,措施后一个自然年注汽量 $8.5 \times 10^4 \text{t}$,其技措节能量为:

$$\begin{aligned}\Delta E &= (E_q - E_h) \times G_h \\ &= (70 - 68.9) \times 8.5 \\ &= 9.35\end{aligned}$$

产生的节能量为 $9.35 \times 13.3 = 124.40\text{tce}$。

(2)以效率提高为依据的技术措施项目按公式(3-25)计算:

$$\Delta E = \left(\frac{\eta_h}{\eta_q} - 1\right) \times E_h \qquad (3-25)$$

式中　η_h——技术措施后效率;

　　　η_q——技术措施前效率;

　　　E_h——技术措施后能源消耗量,tce。

该指标定义和计算方法引自 SY/T 6838—2011《油气田企业节能量与节水量计算方法》。

【例3-15】以效率提高为依据计算某单位 2012 年技措节能量。

某单位注汽锅炉热效率为 80%,通过技术改造,注汽锅炉效率提高到82.5%,措施后一个自然年消耗天然气 650 万方,其技措节能量为:

根据式(3-25)可得:

$$\begin{aligned}技措节能量 &= (82.5\%/80\% - 1) \times 650 \\ &= 20.31\end{aligned}$$

即技措产生的节能量为 $20.3125 \times 13.3 = 270.16\text{tce}$。

③ 按照节能技措项目节约的能源实物量按公式(3 – 26)计算：

$$\Delta E = \sum_{j=1}^{n} E_j \times r_j \qquad (3 - 26)$$

式中　　E_j——企业技措节约的第 j 种能源实物量, t 或其他能源实物量单位；

　　　　r_j——第 j 种能源折标准煤系数, 电的折标系数采用上一年度全国平均发电煤耗进行计算, 其他能源实物的折标系数采用能源消耗报表中的数据进行计算；

　　　　n——企业节约能源的种类数。

该指标定义和计算方法引自 SY/T 6838—2011《油气田企业节能量与节水量计算方法》。

【例 3 – 16】按照节能技措项目节约的能源实物量计算某单位 2012 年技措节能量。

某单位为解决热水循环工艺与电加热工艺在生产过程中能耗高、干抽工艺配套技术不完善、注水过程中的能源浪费以及电力设备损耗大等问题, 对其下属油田实行节能综合改造。改造后, 年节约天然气 $767.36 \times 10^4 m^3$, 节电 $1347.27 \times 10^4 kW \cdot h$。则该油田实施节能综合改造后年节能量为：

根据公式(3 – 26)可得：

改造后年节能量 = 767.36 × 13.30 + 1347.27 × 3.34 = 14706tce。

二、节能价值量

节能价值量是指节能量与单位能源价格的乘积。

节能价值量按公式(3 – 27)计算：

$$V_e = \Delta E \times \frac{R}{E} \qquad (3 - 27)$$

式中　　V_e——节能价值量, 万元；

　　　　R——报告期能源消耗(或实物消耗)总费用, 万元；

　　　　E——报告期能源消耗总量(或实物消耗量), tce。

该指标定义和计算方法引自 SY/T 6838—2011《油气田企业节能量与节水量计算方法》。

第四章 用水统计指标

第一节 综合指标

一、新鲜水

1. 新鲜水用量

新鲜水用量是指扣除外供给其他企业的新鲜水量、蒸汽和化学水量后的企业新鲜水取水量。它是企业所用取自被第一次利用的水量如自来水、地表水、地下水水源,不包括转供部分。

2. 新鲜水费用

本年累计新鲜水费用 = $\sum$(本年累计新鲜水消耗量 × 单价),采用报告期内的平均价格计算。

串联水量、工业污水产生量、工业污水回注量、工业污水回用量不计入本年累计用水消耗费用。

3. 新鲜水平均单价

新鲜水平均单价是指企业用于新鲜水消耗的费用和新鲜水用量的比值,新鲜水消耗费用包括取水费用和制水费用。

新鲜水平均单价按公式(4-1)计算:

$$P_w = \frac{\sum\limits_{i=1}^{n} C_{wi}}{\sum\limits_{i=1}^{n} V_{fi}} \tag{4-1}$$

式中　P_w——新鲜水平均单价,元/m³;

　　　C_{wi}——第 i 种新鲜水消耗的费用,万元;

V_{fi}——第 i 种新鲜水的用量，10^4m^3。

二、外购水

（1）外购蒸汽消耗量是指从企业外购买的商品蒸汽量，不包括转供部分。

（2）外购中水消耗量是指从企业外购买的经过污水处理厂处理后，达到用水目的水质要求的污水水量。

三、重复利用水

（1）循环水量是指在循环冷却水系统中用于冷却设备或产品的循环使用的水量。

（2）串联水量是指根据对水质要求的不同，上一级使用后排出的水用于下一级给水的水量。

（3）冷凝水回收量是指通过回收设备回收的蒸汽系统的冷凝水水量。

四、非常规水资源

（1）海水量是指用作工业用途的海水水量。

（2）微咸水量是指用于工业用途的含盐量大于 1000mg/L 的高矿化度水水量。

五、工业污水

（1）工业污水产生量是指企业内工业生产所产生的各种污水水量。等于工业污水排放量、工业污水回注量、工业污水回灌量以及工业污水回用量之和。

（2）工业污水处理量是指进入污水处理厂进行处理的工业污水水量。

（3）工业污水排放量是指排放到地面或水域的工业污水水量。

（4）工业污水回注量是指油田注入目的层的处理后的工业污水水量。

（5）工业污水回灌量是指油田注入非目的层的处理后的工业污水

水量。

（6）工业污水回用量是指经过污水处理厂处理后作为生产、生活或绿化回用水的工业污水水量。

六、总注水量

总注水量是指通过注水设备注入油层的水量以及在注水井增注措施中挤入油层的水量。包括注入的新鲜水量和污水量，不包括溢流量。溢流量是指注水井由于试油、冲沙、洗井及其他措施而排出的水量。

第二节 单 耗 指 标

用水主要单耗指标包括：单位油气当量生产新水量、单位油气当量液量生产新水量、单位原油(气)液量生产新水量、单位气田生产新水量、综合含水率、采油污水回注率、重复利用率、工业污水回用率、企业用水综合漏失率等。本节中指标定义和计算方法均引自 Q/SY 61—2011《节能节水统计指标及计算方法》。

一、单位油气当量生产新水量

单位油气当量生产新水量是指油气生产取用的新水量与油气当量产量的比值。

单位油气当量生产新水量按公式（4-2）计算：

$$H_d = \frac{W_{hq}}{G_y + G_{ny} + (G_{qq} + G_{qb}) \cdot r_y} \qquad (4-2)$$

式中　H_d——单位油气当量生产新水量，m^3/t；

　　　W_{hq}——油气田企业生产用新水量，m^3。

【例 4-1】计算某油田 2012 年单位油气当量生产新水量。

某油田 2012 年油气生产业务中新鲜水用量为 $6295.36 \times 10^4 m^3$，原油产量为 $2261.02 \times 10^4 t$，气田气产量 $2873875 \times 10^4 m^3$，伴生气产量 $29060 \times$

$10^4 m^3$,油气当量 = $2261.02 + (2873875 + 29060)/1255 = 4574.12 \times 10^4 t$。

因此,该油田 2012 年单位油气当量生产新水量 = $6295.36/4574.12 = 1.38 m^3/t$。

二、单位油气当量液量生产新水量

单位油气当量液量生产新水量是指油气生产取用的新水量与油气当量产液量的比值。

单位油气当量液量生产新水量按公式(4-3)计算:

$$H_{dy} = \frac{W_{hq}}{G_y + G_{ny} + (G_{qq} + G_{qb}) \cdot r_y + G_s} \qquad (4-3)$$

式中 H_{dy}——单位油气当量液量生产新水量,m^3/t。

【例 4-2】计算某油田 2012 年单位油气当量液量生产新水量。

沿用例 4-1,2012 年某油田产水量 $2614.95 \times 10^4 t$。油气当量液量为 $4574.12 + 2614.95 = 7189.07 \times 10^4 t$。

单位,油气当量液量生产新水量 = $6295.36/7189.07 = 0.88 m^3/t$。

三、单位原油(气)液量生产新水量

单位原油(气)液量生产新水量是指油田生产取用的新水量与产液量的比值。

单位原油(气)液量生产新水量按公式(4-4)计算:

$$H_{yy} = \frac{V_{hy}}{G_y + G_{qb} \cdot r_y + G_s} \qquad (4-4)$$

式中 H_{yy}——单位原油(气)液量生产新水量,m^3/t;

V_{hy}——油田生产用新水量,m^3。

【例 4-3】计算某油田 2012 年单位原油(气)液量生产新水量。

沿用例 4-1,该油田生产用新水量为 $6091.18 \times 10^4 m^3$,原油(气)液量当量 = $2261.02 + 29060/1255 + 2614.95 = 4899.13 \times 10^4 t$。

因此,该油田单位原油(气)液量生产新水量 = 6091.18/4899.13 = 1.24m³/t。

四、单位气田生产新水量

单位气田生产新水量是指气田在开采、收集、预处理、净化天然气过程中消耗的各种新鲜水量之和(自来水、地下水、地表水等)与气田天然气产量的比值。

单位气田生产新水量按公式(4-5)计算:

$$H_{tq} = \frac{V_{hq}}{G_{qq} + G_{ny} \cdot r_q}$$ (4-5)

式中 H_{tq}——单位气田生产新水量,m³/10⁴m³;

V_{hq}——气田生产用新水量,m³;

G_{qq}——气田天然气产量,10⁴m³;

G_{ny}——气田凝析油产量,t。

其中气田气产量为气田天然气产量与气田凝析油折气量之和,气田凝析油折气量按1t凝析油折1255m³天然气计算。

【例4-4】计算某单位2012年气田生产新水量。

2012年某单位气田新鲜水消耗总量为335.60×10⁴m³,天然气自营产量为1304266×10⁴m³,气田凝析油141422t(折天然气17748.46×10⁴m³)。则气田气产量 = 1304266 + 17748.46 = 1322014.46×10⁴m³。

由此计算出该单位2012年单位气田生产新水量 = (335.60/1322014.46)×10000 = 2.54m³/10⁴m³。

五、采油污水回注率

采油污水回注率是指油田生产注入目的层的采油污水水量与油田采油污水总量的比值。

采油污水回注率按公式(4-6)计算:

$$R_c = \frac{V_{hz}}{V_z} \times 100\%$$ (4-6)

式中　R_c——采油污水回注率,用百分数表示;

V_{hz}——油田注入目的层的采油污水水量,$10^4 m^3$;

V_z——油田采油生产的污水总量(不算外购中水),$10^4 m^3$。

该指标定义和计算方法引自 Q/SY 61《节能节水统计指标及计算方法》。

六、重复利用率

重复利用率 = 重复利用水量(包括循环水量、串联水量、冷凝水回收量、工艺水回用量、污水回用量)/生产过程中总用水量(包括重复利用水量和生产过程中取用的新水量、蒸汽折水量和化学水量)× 100% 。

企业生产过程总用水量包括:主要生产用水;辅助生产用水(包括机修、锅炉、运输、空压站、厂内基建等);附属生产用水(包括厂部、科室、绿化、厂内食堂、厂内和车间浴室、保健站、厕所等)。

七、工业污水回用率

工业污水回用率 = (工业污水回注量 + 工业污水回用量)/工业污水产生量 × 100% 。

八、企业用水综合漏失率

企业用水综合漏失率 = (总供水量 − 有效供水量)/总供水量 × 100% 。

第三节　节　水　量

一、节水量

节水量是指在达到同等目的情况下,即在生产相同的产品、完成相同的处理量或工作量的前提下所节约的新水量。包括由于提高管理水平和技术水平而使单位产品新水量下降所直接节约的新水量。企业节水量一般分为产品(工作量)节水量、产值节水量、技术措施节水量等。本节中指标定义和计算方法均引自 SY/T 6838—2011《油气田企业节能量与节水量计算方法》

1. 油气田企业节水量

油气田企业节水量是指油气田企业统计报告期内实际新水消耗量与按比较基准计算的新水消耗量之差。

2. 产品节水量

产品节水量是指统计报告期与基期完成相同产品产量所节约的新水量。石油企业产品(工作量)节水量。

产品节水量按公式(4-7)计算:

$$\Delta W_c = (w_{bc} - w_{jc}) \times M_b \qquad (4-7)$$

式中　ΔW_c——产品节水量,m^3;

　　　w_{bc}——对于油田油气生产业务的统计报告期单位原油(气)液量生产用新水量,m^3/t;对于气田油气生产业务的统计报告期单位气田生产新水量,$m^3/10^4 m^3$;其他业务为统计报告期产品(工作量)新水量;

　　　w_{jc}——对于油田油气生产业务为基期单位原油(气)液量生产用新水量,m^3/t;气田为基期单位气田生产新水量,$m^3/10^4 m^3$;其他业务为基期产品(工作量)新水量。

3. 产值节水量

产值节水量是指统计报告期与基期完成相同产值所节约的新水量。

整个油气田企业及各业务产值节水量按公式(4-8)计算:

$$\Delta W_z = (w_{bz} - w_{jz}) \times G_{bz} \qquad (4-8)$$

式中　ΔW_z——产值节水量,m^3;

　　　w_{bz}——统计报告期万元工业产值新水用量,$m^3/$万元;

　　　w_{jz}——基期万元工业产值新水用量,$m^3/$万元。

4. 技术措施节水量

技术措施节水量是指耗能设备或系统实施技术措施前后新水消耗的变

化量。以单耗降低为依据的技术措施节水量按公式(4-9)计算：

$$\Delta W_{cs} = (w_{hcs} - w_{qcs}) \times M_{hcs}$$ （4-9）

式中　ΔW_{cs}——技术措施节水量，m^3；

w_{hcs}——技术措施后单位产品（或工作量）用新水量，m^3/单位产品（工作量）；

w_{qcs}——技术措施前单位产品（或工作量）用新水量，m^3/单位产品（工作量）。

二、节水价值量

节水价值量是指节水量和平均新水单价的乘积。

节水价值量按公式(4-10)计算：

$$\Delta W_j = \Delta H_j \times r$$ （4-10）

式中　ΔW_j——节水价值量，万元；

ΔH_j——节水量，$10^4 m^3$；

r——报告期新鲜水平均单价，元/m^3。

第五章 统计分析

节能节水统计分析是对统计调查数据的深加工,是节能节水统计工作的综合产品和重要组成部分。节能节水统计分析反映企业生产经营过程中各种用能用水和节能节水的经济现象、内在联系以及发展变化规律,解释企业用能用水方面存在的问题,提出解决问题的方法。

统计的基本任务是实行统计咨询服务与监督。要完成统计的这些任务,单纯靠提供统计数据还远远不能满足要求,必须对这些统计数据加以分析研究、发现问题、提出建议,以统计分析报告的形式上报下发信息。企业各级管理者需依据统计分析报告决定相关生产经营对策;同时也从统计分析报告来评价统计工作。

第一节　统计分析的基本内容及要求

一、基本内容

1. 国家层面

上报国家的节能节水统计分析根据着眼点的不同可分为能源统计宏观分析和工业能源统计分析两种。前者多用于国家、地区行业内部层面的宏观分析,后者针对企业内部自身展开。工业能源统计分析通常包括如下内容。

1)企业能源购进情况分析

能源是企业生产得以正常进行的必要条件,对能源购进情况进行分析时,主要从购入量、时间、品种、质量及来源等方面分析对生产的保证程度及其经济效果。

首先进行能源购入量充足性分析,它关系到生产能够不间断进行。其次进行能源购入量及时性分析,它关系到生产能否均衡进行。再次,进行能源购入品种齐备性分析。最后分析能源购入来源。

2)企业能源库存情况分析

企业在生产中,对能源的耗费是连续不断的,而能源一般则是一定时期成批购入的,这就需要企业对能源(电力和气体能源除外)拥有一定数量的储备,即库存,以解决进货间断性和消费连续性的矛盾。要保证企业合理的库存量(既不能不足又不能超储),从而更有效地利用能源,就必须进行深入研究。分析时,多从时间上分析库存量对生产的保证程度,从库存定额执行情况分析实际库存的合理性。

3)企业能源供需平衡分析

企业能源供需平衡的主要分析内容是企业能源可供量与企业预计需求量之间的比例关系是否协调。通常采用将可供量和需求量对比的方法进行分析。

企业能源可供量,即企业能源产品的生产量、收入(购进)量和库存量之和。企业能源可供量和需求量之间应有一个适当的数量界限。比例适当,企业的生产经营才算合理。

能源供需比率 = 能源可供量/能源预计需求量

为了分析企业能源供需平衡的差距及供需相差程度,应引入能源供需差数和能源供需差率。分析式为:

能源供需差数 = 企业能源可供量 - 企业能源预计需求量

能源供需差率 = 能源供需差数/能源预计需求量 = 能源供需比率 - 1

综上所述,能源供需比率是用来分析企业能源供求状况的;能源供需差数可用于分析供需缺口的大小;能源供需差率则用于分析供需之间的相差程度。

4)企业能源消耗效率、效益分析

(1)单位产出能耗情况分析。

单位产出能耗指标有单位产值(增加值)能源消耗量、单位产品产量(工作量)单项能源消耗量、单位产品产量(工作量)综合能源消耗量等多种表现形式。

单位产值(增加值)能源消耗量是指创造一个单位的产值、增加值所消耗的能源量。这里首先要将产值(增加值)换算成相同的基期价(可比价)。基期价可以固定在某一基准年,也可以用上年价格。

单位产品产量(工作量)单项能源消耗量是指生产一个单位产品所消耗的某种能源数量。

单位产品产量(工作量)综合能源消耗量是指生产一个单位产品所消耗的各种能源数量。

不论哪种情况,分析时均可采用与目标、定额(或对标)比较的方法,观察能源消耗原定目标的完成程度及能源消耗的实际节约或超耗情况,还包括采取的相应对策等。

除完成以上三种分析外,还应做好单位能耗变动原因分析。引起单位能耗变动的原因很多,具体分析时可以从能耗构成、耗能过程和能源管理等主要方面分析具体引起变动的原因。

从能耗构成要素进行分析。构成能耗的要素是产品本身的消耗、加工损耗、工艺损耗等,将这些方面的实际值与定额(或基期)值对比分析,从而找出能耗变动的具体原因。

从耗能过程的环节分析。产品生产过程也是能源消耗过程,能耗的多少与整个生产过程各个环节(阶段)能耗水平直接相关。因此,研究能耗变动原因,不仅要从构成上分析,还应从生产过程各个环节入手,弄清能耗的节约和浪费主要发生在哪个环节。

从能源管理上查找原因。从能源购进到使用整个过程详细分析各环节管理情况,有无"大马拉小车"情况,跑、冒、滴、漏现象等。和同类企业对比,不断提高管理水平。

(2)节能量的核算和分析。

节能量是考核企业节能工作的重要指标。油气田企业节能量的计算参见第三章。

5)企业能量平衡情况分析

企业能量平衡是以企业为对象的能量平衡,包括各种能量的收入和支出的平衡,消耗与有效利用及损失之间的数量平衡。企业能量平衡分析就是根据企业能量平衡的结果,对企业用能情况进行全面、系统的分析,以便明确企业能量利用程度和能量损失大小、分布以及损失发生的原因。

通过企业能量平衡分析,可以摸清企业能耗情况,掌握企业用能水平,加强企业管理,提高管理人员技术水平,推动企业技术改造。通常将反映企业能耗水平的评价指标(如单位产品产量综合能耗、单位产值综合能耗、企业能源利用率等)与国际、国内同行业生产企业以及本企业历史最好水平相比,判断目前企业所处水平,找出差距,进而预测企业节能潜力,从工艺流程、设备、生产组织、操作技术、管理制度等方面找出能源浪费的技术因素和管理缺陷,并加以改进。

2. 企业内部

集团内部油气田所属企业的统计分析报告通常应包括如下内容。

1)分析耗能用水总量变化情况

能源消耗总量和用水总量(实物量和价值量)分析是从能源消耗或用水总量的现状变化出发,分析企业能源消耗和用水量升高与降低的原因,查找耗能和用水的重点环节和不合理的流向。其中要重点分析企业能源消耗结构变化,通过实物量与价值量消耗结构的对比分析,评价分析企业采取合理调整能源消耗结构的措施(如以经济价值低的能源替代经济价值高能源等)及其对企业降低能源成本的积极作用。同时通过分析耗能用水总量随企业各生产经营业务板块结构的变化,明确企业能源和新鲜水消耗流向,便于企业控制耗能、用水重点。

2)分析能源和新鲜水单耗变化情况

从节能量、节水量的统计计算方法可知,无论是环比法、定额法还是技措法,衡量一个企业或者一个用能用水系统是否节能节水,最终都要体现在相应的用能用水单耗的变化上,只有报告期的单耗比目标值降低了,才能有节能节水效果。所以节能节水统计应经常分析研究能源和新鲜水单位消耗量发生的变化和引起这些变化的原因。一般地,影响企业用能用水单耗变化的主要因素有:产品产量、工作量、企业增加值、工业产值变化,企业生产经营业务板块和产品结构的变化,企业生产工艺、技术装备的变化,以及已实施的节能节水措施产生的效果等。

一个单耗指标的变化往往涉及两个或几个综合指标的变化,而这些综合指标通常是与各生产系统因素紧密相连的。要弄清单耗变化的根本原因,就要深入调查分析与该指标关联的各生产系统因素的基本情况,从而全面掌握生产因素的变化规律,合理优化调整单耗指标,更好地指导和促进生产中节能节水工作的深入开展。例如,要分析某企业 2012 年单位油(气)生产电耗变化的原因,除了考虑油田生产用电量及原油和伴生气当量产量的变化原因(比如油气产量或工作量增加),还应考虑与之对应的生产系统因素之间的相互影响。比如抽油机系统效率的提高、螺杆泵更新改造、机采系统效率的整体提升等诸多因素都可能影响到这·单耗指标的变化。只有深入了解生产系统因素之间的相互关联,才能更好地解释单耗指标变化,掌握企业耗能、用水状况。

3)分析重点用能设备运行状况

分析机、泵、炉等重点耗能设备的运行状况,主要是分析这些设备的平均单台装机负荷变化、更新改造情况。一般地,平均单台装机容量或负荷增加,能提高这类设备的整体运行效率;更新改造数量增加,也能提高设备整体运行效率。同时还要分析这些重点用能设备相应的用能系统的系统效率变化。通常系统效率提高比设备效率提高更可取。

4)分析节能节水经济指标

(1)分析节能节水技术措施项目实施情况,对企业节能节水技术措施取得的经济效益和存在的潜力进行分析评价。如对技术成熟、投入少、见效快、投资收益高的节能节水项目扩大推广应用,对投资多、回收期长,但能从根本上提高用能用水效率和水平的项目有计划地集中财力逐步实施,对经济效益较差的节能节水项目进一步分析原因,从而为以后节能节水技术措施的实施提供决策参考。

(2)对比分析企业能源和新鲜水节约与开源的成本,从而为企业发展中更多的能源和新鲜水需求量问题提出节能节水的建设性意见。

(3)分析能源和水的消耗费用占生产成本的比例现状及变化趋势,从而得出节能节水工作对企业降低生产经营成本的贡献程度。

5)综合分析

综合分析就是综合上述四个方面的分析,结合年度内有关数据进行专题统计调查分析,从横向上找差距,纵向上看变化,把生产经营活动与能源和新鲜水消耗的各个环节联系起来,分析本企业在能源消耗和用水方面存在的问题和潜力,提出进一步开展节能节水工作的方向和途径,为企业领导和各级管理人员的生产管理决策提供合理依据。

二、基本要求

1. 如实反映情况

统计分析要求坚持实事求是的原则,如实反映企业用能用水现状,做到统计数据准确。统计分析以数据作为理论依据,准确的数据一般可引申出正确的论点;如果数据严重失真,很有可能引申出错误的论点,导致决策失误。同时要尊重客观实际,切忌主观臆断;统筹全局,切忌片面。统计分析要经得起历史考验。

2. 深入实际调查研究

基本的统计数据是掌握全面情况的重要因素,但其一般只能反映某一段时间耗能、用水的结果,反映不了我们所看到的产生现象的具体原因。要想弄清具体原因和应对措施,就要深入实际搞调查研究,弥补报表的不足。实际生产经营活动的内容比统计报表资料更丰富,尤其是当生产经营情况变化较大,新的因素层出不穷,而诸方意见不一时,更要深入生产一线,掌握第一手材料。

3. 广泛收集各方面信息

要分析某个耗能、用水现象,不仅涉及企业内部生产经营的各个环节,而且也会与企业外部经济环境相关联。因此,要做好节能节水统计分析更多、更全面的相关信息。这就要求节能节水统计工作人员要扩大信息来源,包括整理历史资料,积累与耗能、用水相关的企业内外经济信息资料,加强与企业相关单位的合作、研究,建立健全统计分析网络等。

4. 编写好统计分析报告

编写统计分析报告,是表述统计分析成果的重要形式。为使报告全面且有说服力,既要做到有数据、有情况、有分析、有建议,还要做到简明扼要、数据准确、情况清楚、分析得当、建议可行。

统计分析报告的文字,要力求做到准确、生动、鲜明。运用的统计数据要准确可靠,误差大的资料不能用,变化大的指标要查明原因;判断和推理要以准确数据为依据、符合客观实际。报告要做到主题突出、观点明确、结构层次清晰。表述要简练、通俗易懂;分析情况要点面结合,避免华而不实。

三、统计分析步骤

统计分析分为定期分析、专题分析以及综合分析。步骤如下:

(1)确定分析研究的题目,明确目的。

(2)周密构思,拟好分析大纲。

(3)搜集、鉴别、加工整理资料。

(4)应用各种分析方法,根据需要计算出平均数、相对数、动态数列等多种分析数据资料进行辩证分析,由点到面、由部分到全体,逐步分析归纳,从而揭示油气田能耗发展的趋势、程度、关联和特点。做到既有定性分析,又有定量分析,阐明现象的发展规律,找出处于萌芽阶段的新情况和新问题,观察其发生变化的各种因素,分析影响变动的主要原因。

(5)归纳概括分析结果,形成观点,写出内容丰富,有数据、有情况、有建议的分析报告。

第二节　统计分析方法

一、对比分析法

对比分析法也称比较分析法,即通过将互相联系的用能用水指标进行对比分析,直观的反映报告期耗能、用水的水平与目标值之间的差异,目标值可以是国外先进水平、基准期的水平、预期计划水平等。通过直观比较,进而分析问题、总结经验。

运用比较分析法应注意两个问题:(1)注意指标可比性,即用来比较的现象必须同类,指标内容、口径、计算方法、计算单位等必须相同;(2)进行比较分析时,不但要看相对数,还要看绝对数。如某个单位某项用能单耗虽然比目标值下降较少,但这个指标本身已经很先进了;而另外一个单位的同类单耗指标虽然比目标值下降很多,但就报告期指标而言,没有前一个单位好,这种情况下就不能简单从用能单耗指标的降低幅度来判断后一个单位的节能水平更高。

【例5-1】2011年和2010年A油田单位采油(气)液量用电单耗分别为12.47kW·h/t,11.34 kW·h/t;B油田单位采油(气)液量用电单耗分别为27.20kW·h/t,30.39 kW·h/t,如表5-1所示。由于两个油田都有稠油开采业务,故可将二者的采油单耗指标进行对比分析。由上述情况可知,B油田的单耗指标同比下降,A油田的单耗指标同比上升,但并不能由此简单判断B油田节能水平更高。还要综合考虑各油田的实际地质条件、油品特性等诸多生产要素全面分析。

表5-1 A、B油田单位采油(气)液量用电单耗对比

年份	A油田单位采油(气)液量用电单耗,kW·h/t	B油田单位采油(气)液量用电单耗,kW·h/t	油田业务类型
2011年	12.47	27.20	稠油开发
2010年	11.34	30.39	稠油开发

二、动态分析法

动态分析法就是将要分析的某个或几个用能用水指标数据按照时间顺序排列,形成一个或几个动态数列,从数量方面观察所要分析的指标发展变化的方向和速度,研究其发展变化规律,从而分析变化原因,进一步作出变化趋势预测,并借以指导以后的相关节能节水工作的开展。动态分析法也可以说是在一个时间序列内,均以上一个基期的指标为目标值的系列比较分析的结果。因此,动态分析比较直观地反映了一段时期内不同报告期的用能用水指标间的相互差异,反映了不同报告期节能节水措施对耗能、用水指标的影响。进行动态分析可采用多种方法,如平行数列对比法、扩大时期分析法、移动平均分析法、季节变动分析法、趋势预测法等。

动态数列可分为绝对指标动态数列、相对指标动态数列和平均指标动态数列。绝对指标动态数列是由各时期的绝对量所构成的，如各时期的能源生产量、能源消费量、节能量、能源库存量等。相对指标动态数列是由各时期的相对数所构成，如各时期的能源生产增长率、能源消费增长率、节能率、能源利用率、能源自给率、能源加工转换损失率等相对指标的动态数列。平均指标动态数列由各个时期的平均数构成，如单位产品能耗量、单位产值能耗量等。

例如：已知某油田企业 2002—2011 年的能源消耗情况，预测该油田企业 2012 年的能源消耗情况（图 5 - 1）。

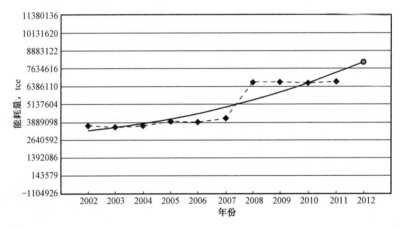

图 5 - 1　某油田 2012 年能耗量预测

图 5 - 1 中，横轴为年份，纵轴为该企业的能耗量（tce），虚线上各点为该企业 2002—2011 年的能源消耗量。虚线为各点用直线连接而成，只能看出大体走势，无法预测具体数值；实线是用二次多项式拟合得到的曲线，并预测出 2012 年该企业的能耗量为 805×10^4 tce。

三、因素分析法

因素分析法就是以与所要分析的耗能、用水指标相关联的各种因素为出发点，分析因素变化对耗能、用水指标的影响关系并从中寻找规律。因素分析法可以说是从相对微观的角度，分析研究由比较分析、动态分析或者其他分析法反应出的指标变化的根本原因，通过因素分析，可以对所要分析的耗能、用水指标产生变化的原因进行定量分析,分清主、客观原因,分析计算各种因素(如产品产量、工作量的增减和结构变化,节能节水措施的实施等)的定量变化对指标变化的影响程度,从而对企业的节能节水工作作出正确的评价,为以后如何改进节能节水工作指明方向。因素分析法要点如下:

(1)因素分析法的研究对象受多种因素影响的现象。这类现象的量表现为若干因素的乘积,其目的是测定各个因素的影响方向和影响程度,也包括测定结构变动的影响程度。

(2)因素分析法的特点是假定其他因素数量相同,从而测定其中一个因素的影响方向和程度。如果有三个因素,则假定其中两个因素不变,测定第三个因素的影响。

(3)指标体系是因素分析法的基本根据。若干因素指数的乘积应等于总变动指数,若干因素影响差额的总和应等于实际发生的总差额。

因素分析法在油气田节能节水统计分析中应用比较广泛,例如:某油田2010年单位原油(气)液量生产综合能耗同比2009年有所下降。分析变化原因应包括该油田生产综合能耗2010年同比2009年变化的规律及原因;原油、伴生气及产水量变化情况;生产工况变化情况;统计口径是否一致以及采取了哪些节能措施等。

四、结构分析法

结构分析法是指把要分析的某个现象的总体分解为各个组成部分,通过观察其内部结构,可以分清影响这个现象发展变化的主要方面和次要方面,从而找出主要原因和现象的本质特征。结构分析法常用于国家、地区或某个产业部门的耗能用水分析。对于企业的节能节水统计分析来说,采用结构分析法主要是通过研究企业产品结构、生产经营业务结构、用能用水实物结构的变化,进而分析该变化对企业耗能用水水平、消耗费用占生产经营成本等指标的影响。

例如,要分析2012年某油气田分公司能源消耗总量的变化原因。采用结构分析法,按实物消耗种类将能源分为原油、电、天然气和其他等四大类。分别研究各个能源实物消耗量的同比变化情况以及各个能源实物的消耗占比,从而解释能源消耗总量同比变化的原因。

五、平衡分析法

平衡分析法是指从收支两方面说明某个现象与总体内部各方面的联系及相互之间的关系。运用平衡分析法首先编制所要研究的现象的收支两个方面的平衡表。和结构分析法一样,平衡分析法多用于国家、地区或某个产业部门的耗能分析。对于企业的节能节水统计分析来说,采用平衡分析法一般是在企业已经进行能平衡测试或水平衡测试的基础上,对企业或企业某个耗能用水系统进行平衡分析,同时结合其他相关分析,提出改进耗能用水效率的建议和意见。

平衡分析法有如下特点:

(1)反应经济现象内部多种构成因素间的数量对等关系。

(2)运用若干相互有联系的指标之间数量关系,来分析整体现象内部存在的平衡比例关系。

(3)从现象的总体入手,使用全面资料,通过平衡表的形式来观察研究事物。

采用平衡分析法进行能源统计分析,首先要编好能源平衡表。通过全面、系统的能源平衡统计数据,对能源系统流程全貌及各个环节进行平衡分析:

(1)对能源系统流程全过程进行综合分析。研究能源经济发展的规模、水平、速度、比例、规律等状况,观察能源系统流程的各个环节之间的平衡比例关系,揭示能源需求之间的矛盾,找出平衡和不平衡的原因。

(2)对能源的资源形成及自给程度进行分析。研究能源生产规模,提出增加或减少能源进、出口,地区间流入、流出等方面的建议。

(3)对能源加工转换情况进行分析。研究能源加工转换效率,提出降低能源加工转换损失率,提高能源利用率的建议和措施。

(4)对能源消费状况进行分析。研究能源消费结构是否合理,能源消费与国民经济发展之间的协调关系,揭示能源使用中的损失浪费现象。

(5)对能源经济效益情况进行分析。研究能源有效利用程度,挖掘节能潜力,揭示能源经济效益不高的主要原因,提出合理有效利用能源的建议和措施。

(6)对能源储存的合理性进行分析。研究能源库存的构成及对生产、建设、人民生活的保证程度,揭示库存超储积压或储存不足的原因和后果。

除上述介绍的 5 种分析方法外,由于单耗指标的变化往往受到生产要素等诸多条件的制约,因此在实际分析中还应注重单耗指标与生产要素相结合的分析,联系实际生产情况寻找引起该综合指标变化的原因。

第三节 统计分析报告

一、报告基本大纲

一个完整的统计分析报告建议包括如下七个部分。

(1)生产概况。

简单介绍公司生产经营情况,如原油产量(稠油产量、稀油产量)、天然气产量、伴生气产量、产水量、注水量、注汽量、发电量、油水井数量、站场数量等。

(2)能源消耗分析。

首先对企业的能耗情况作总体说明和分析。然后对于能耗水耗指标做全面分析,以图、表的形式展示说明。内容包括:

① 综合能耗分析。

② 原煤消耗分析。

③ 原油消耗分析。

④ 天然气消耗分析。

⑤ 电力消耗分析。

⑥ 汽柴油消耗分析。

⑦ 清水使用分析。

(3)单耗指标及重点耗能设备分析。

① 重点单耗指标分析。

关注重点单耗指标,结合实际生产情况,对变化幅度较大(>5%)的指标给予分析和说明,解释变化原因。

重点单耗指标一般包括:单位油气当量生产综合能耗、单位油气当量液量生产综合能耗、单位原油(气)生产综合能耗、单位原油(气)液量生产综合能耗、单位采油(气)液量用电单耗、单位油气集输综合能耗、单位油(气)

生产用电单耗、单位注水用电单耗、单位气田生产综合能耗、单位气田采集输综合能耗、单位天然气净化综合能耗等。

② 重点耗能设备运行情况分析。

(4)节能节水指标考核完成情况。

① 能耗水耗指标完成情况。

② 节能量节水量完成情况。

(5)节能管理工作开展情况。

按照实际开展的节能管理工作分条叙述。

(6)节能节水技术措施实施情况。

对于本年度(季、月)开展的工作和节能技术措施给予具体汇报说明。

(7)存在问题及下一步工作安排。

二、报告格式

1. 格式要求

1)页面设置

基本页面为 A4 纸,纵向,上下均为 2.54cm,左右为 3.17cm,即页边距为默认值;如遇特殊图表可设页面为 A4 横向。

2)正文

可按实际需要设置目次,以便于内容清晰。正文内容采用宋体小四 1.5 倍行距;文中单位应采用国家法定单位表示;文中数字能使用阿拉伯数字的地方均应使用阿拉伯数字,阿拉伯数字均采用 Times New Roman 字体。

3)图表

文中图表及插图置于文中段落处,图表随文走,标明表序、表题,图序、图题。

表格标题使用黑体小四,居中,表格部分为五号宋体,表头使用 1.5 倍行距,表格内容使用单倍行距;表格标题与表格、表格与段落之间均采用 0.5 倍行距;表格注释采用五号或小五宋体;表格引用数据需注明引用年份;表中参数应标明量和单位的符号。

2. 体例格式

　　封面格式如图 5-2 所示。目录格式如图 5-3 所示。正文体例格式如图 5-4 所示。

单位名称（二号宋体加粗）

节能节水统计分析报告（一号黑体加粗）

编 制 人：　（二号宋体加粗）

审 核 人：　（二号宋体加粗）

（单位盖章）

××年××月××日（三号宋体加粗）

图 5-2　封面

目　　录

附表 1

附图 1

附件 1

图 5 - 3　目录

1 ［章名］黑体（四号）

1.1 ［节名］黑体（小四）

□□□□□□□□□□□□□□□□□□□□□□□□
□□□□□□□......

1.2 ［节名］黑体（小四）

1.2.1 ［条名］宋体（小四）

1）［款］（宋体小四）

（1）［项］（宋体小四）

（2）［项］（宋体小四）

表 1-1（按章节序号排）黑体小四

图 1-1（按章节序号排）黑体小四

2）［款］（宋体小四）

（1）［项］（宋体小四）

（2）［项］（宋体小四）

□□□□□□□□□□□□□□□□□□□□□□□□
□□□□□□□......

图 5-4 正文

第六章 统计分析案例

本章选取三个不同业务类型的油气田企业统计分析报告作为统计分析案例,其业务类型涵盖了稠油、稀油和气田等。篇幅有限,不同油田类型不能一一列举。

第一节 稠油油田案例——××油田 2012 年统计分析报告

××油田公司 2012 年节能节水工作坚持以科学发展观为指导,落实集团公司、专业公司年度节能节水工作目标,加强节能节水型企业创建工作,围绕"36632"工作思路,整合管理体系,落实责任目标,强化能评和能效对标管理,开展节能节水技术的试验、论证与推广应用,围绕耗能用水系统效率的提高,重点做好专项资金实施和系统规模优化,推进四大节能工程,加大日常节能节水监测和整改力度,压缩不合理能耗,为公司完成生产经营业绩指标,实现和谐发展奠定了坚实的基础。

一、生产概况

××油田公司 2012 年 1—12 月份共计生产原油 $1000.01 \times 10^4 t$,伴生天然气 $72099.00 \times 10^4 m^3$,产液量 $6005.80 \times 10^4 t$。各种能源品种综合能耗为 $285.65 \times 10^4 tce$,比 2011 年同期 $291.98 \times 10^4 tce$ 减少 $6.33 \times 10^4 tce$,降幅约为 2%。实施重点节能项目 17 项,技措节能 $6.35 \times 10^4 tce$,节水 $128.79 \times 10^4 m^3$,2012 年节能目标值为 $4.9 \times 10^4 tce$,节水目标值为 $109 \times 10^4 m^3$,全面完成集团公司下达的节能节水任务指标。

二、能源消耗分析

2012 年××油田公司各种能源消耗量合计 2856486.67tce，比 2011 年同期减少 63345.61tce，降幅 2%。各能源品种消耗及变化情况详见表 6-1。

表 6-1　2012 年 1—12 月能源消耗及变化情况

序号	能源名称	计算单位	能源实际消耗量			
			2012 年 1—12 月	2011 年 1—12 月	变化	变化率，%
1	原煤	t	941257.34	933686.11	7571.23	0.81
2	原油	t	29578.11	357808.41	-328230.30	-91.73
3	天然气	$10^4 m^3$	164423.31	119633.16	44790.15	37.44
4	电	$10^4 kW \cdot h$	203835.91	161209.48	42626.43	26.44
5	重油	t	53122.49	188081.86	-134959.37	-71.76
6	汽油	t	13363.83	13444.59	-80.76	-0.60
7	柴油	t	40752.31	48472.56	-7720.25	-15.93
8	炼厂干气	t	1876.80	4527.27	-2650.47	-58.54
9	液化气	t	198.66	218.83	-20.17	-9.22
10	热力	tce	-453677.38	-451262.20	-2415.18	0.54
	合计	tce	2856486.67	2919832.28	-63345.61	-2.17

1. 上市部分

上市部分 2012 年消耗原煤 14145.15t，2011 年同期消耗 18091.73t；2012 年消耗原油 9930t，2011 年同期消耗 318570t；2012 年消耗天然气 163206 × $10^4 m^3$，2011 年同期消耗 118348 × $10^4 m^3$；2012 年消耗电力 205602 × $10^4 kW \cdot h$，2011 年同期消耗 189045 × $10^4 kW \cdot h$；2012 年消耗成品油 12407t，2011 年同期消耗 12420.52t；2012 年消耗重油 33463t，2011 年同期消耗 168909t；能源消耗总量为约 251.36 × $10^4 tce$，2011 年同期消耗 253.39 × $10^4 tce$，与 2011 年同期相比下降 2.03 × $10^4 tce$。

上市部分能源消耗及变化情况见表 6-2，上市部分能源实物消耗构成见图 6-1。

表6-2　上市部分能源消耗及变化情况表

序号	能源品种	单位	2012 年 1—12 月	2011 年 1—12 月	变化	变化率,%
1	原煤	t	14145.15	18091.73	-3946.58	-21.81
2	原油	t	9930	318570	-308640	-96.88
3	天然气	$10^4 m^3$	163206	118348	44858	37.90
4	电	$10^4 kW \cdot h$	205602	189045	16557	8.76
5	重油	t	33463	168909	-135446	-80.19
6	汽油	t	6354	6488	-134	-2.07
7	柴油	t	6053	5931.84	121.16	2.04
8	综合能耗	tce	2513588.88	2533890.85	-20302	-0.80
9	新鲜水	$10^4 m^3$	2438.54	2411.70	26.84	1.11

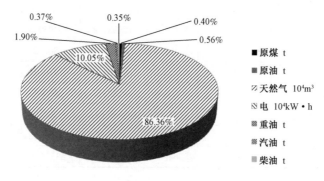

图6-1　上市部分能源实物消耗构成

　　从图6-1可以看出,××油田上市部分2012年度消耗的能源实物量组成情况:原煤占0.4%,原油占0.56%,天然气占86.36%,电力占10.05%,重油占1.9%,汽油占0.37%,柴油占0.35%。油田生产以耗天然气和电力为主,能耗量较2011年同期上升1.11%,变化幅度不大。但各能源品种中原油和重油消耗减少,天然气消耗增加,主要由于××工程燃气替代燃油,天然气消耗变化幅度较大;外来气使用量的增加,使原油、重油消耗量大幅减少。

2. 未上市部分

　　未上市部分2012年综合消耗量为344716.28tce,与2011年综合消耗量 385941.43tce 相比减少消耗 41225.15tce，下降 10.68%。工业新水量 1574.08×10⁴m³，比 2011 年同期 1691.62×10⁴m³ 下降 117.54×10⁴m³，下降 6.95%。新建技术措施节约量 0.78×10⁴tce；新建措施节水量 9.49×10⁴m³。

未上市部分能源消耗及变化情况见表 6－3。

表 6－3　未上市部分能源消耗及变化情况表

序号	能源名称	计算单位	能源实际消耗量			
			2012 年 1—12 月	2011 年 1—12 月	变化	变化率,%
1	原煤	t	927112.19	915594.38	11517.81	1.26
2	原油	t	19648.11	39238.41	－19590.3	－49.93
3	天然气	10⁴m³	1217.31	1285.16	－67.85	－5.28
4	电	10⁴kW·h	－1766.09	2396.52	－4162.61	－173.69
5	重油	t	19659.49	19172.86	486.63	2.54
6	汽油	t	7009.83	6955.91	53.92	0.78
7	柴油	t	34699.31	42540.72	－7841.41	－18.43
8	炼厂干气	t	1876.80	4527.27	－2650.47	－58.54
9	液化气	t	198.66	218.33	－19.67	－9.01
10	热力	tce	－453677	－450227	－3450.85	0.77
11	综合能耗	tce	344716.28	385941.43	－41225.15	－10.68
12	新鲜水	10⁴m³	1574.08	1691.62	－117.54	－6.95

2012 年与 2011 年未上市部分能源消耗量总体有所下降，降幅约 11%。变化较多的主要有原煤、产出电、柴油、炼厂干气和热力。

原煤增加的主要原因是工程处注汽量增加。××工程技术处 2012 年原煤消耗 68663.4t 比 2011 年同期原煤消耗 54511.8t 增加了 14151.6t。

电力集团发电标准煤耗下降；供热比 2011 年同期多产出 8991t，电多产出 2603×10⁴kW·h。

柴油消耗减少，主要原因是工程技术服务业务量减少。

消耗炼厂干气 1876.80t，比 2011 年同期减少了 2650.47t，一是煅烧焦装置回转窑运行平稳，其中 2 号回转窑检修 9d，非计划停运 76h，3 号回转窑检修 11d，非计划停运 62h，回转窑检修时间比 2011 年减少 6d，非计划停运时间比 2011 年减少 67h,所以用于余热不足而补充的炼厂干气相应降低;二是煅烧焦装置不断优化操作条件,降低炼厂干气消耗,2012 年 1 月煅烧焦车间根据干气使用情况,积极组织技术员、班长及主要操作岗位的操作工,优化回转窑的操作指标,提高回转窑运行时间,同时优化烟气系统运行,降低余热锅炉的排烟温度,提高余热的利用率。

消耗热力 1202.87tce,比 2011 年同期增加了 167.17tce,增加的原因之一是余热锅炉生产蒸汽比 2011 年多 30723t,原因之二是焦化装置检修45d,除盐水不能取热,除氧用蒸汽量增加。

其他能源品种消耗变化不大。

三、单耗指标及重点耗能设备分析

1. 单耗指标

1)上市部分

上市部分主要单耗指标及变化情况见表 6-4。

表 6-4 上市部分主要单耗指标

名称	计算单位	2012 年	2011 年	变化率,%
单位原油(气)生产综合能耗	kgce/t	237.7	239.63	-1.93
原油(气)液量生产综合能耗	kgce/t	41.46	44.46	-3.00
单位采油(气)液量用电单耗	kW·h/t	27.26	27.72	-0.46

如表 6-4 所示,单位原油(气)生产综合能耗减少 1.93%,原油(气)液量生产综合能耗减少了 3%,主要原因是能源消耗结构的变化导致天然气消耗增加,原油和重油消耗减少。天然气的热效率高于原油和重油。单位采油(气)液量用电单耗减少 0.46%,变化幅度不大。

2)未上市部分

未上市部分主要单耗指标及变化情况见表 6-5。

2012 年 1—12 月份电厂发电转换电力单耗折标煤为 0.32kgce/(kW·h),比上年同期 0.43kgce/(kW·h),减少了 0.11kgce/(kW·h);供热标准煤耗为 34.72kgce/GJ,比上年同期 33.44kgce/GJ 增加了 1.28kgce/GJ;供热水

单耗与 2011 年同期比下降了 0.03t/GJ。供水公司 2012 年供水用电单耗 0.52kW·h/m³，较 2011 年 0.53kW·h/m³，降低 0.01kW·h/m³。

表 6 - 5　未上市部分主要单耗指标

未上市指标	单位	2012 年	2011 年	同期变化	变化率,%
发电标准煤耗	kgce/(kW·h)	0.32	0.43	-0.11	-25.58
供电标准煤耗	kgce/(kW·h)	0.4	0.54	-0.14	-25.93
供热标准煤耗	kgce/GJ	34.72	33.44	1.28	3.83
发电水单耗	kg/(kW·h)	3.72	4.33	-0.61	-14.09
供热水单耗	t/GJ	0.36	0.39	-0.03	-7.69
供水耗电量	kW·h/m³	0.52	0.53	-0.01	-1.89

（1）发、供电（tce）耗量下降的原因。

① 加强运行调整，合理匹配机、炉运行参数，使高品质蒸汽发电后再供热、供暖，实现蒸汽能级的合理利用，热效率达到 64.05%，比 2011 年上升 0.4%。

② 由于燃煤质量控制较好，锅炉燃烧调整及时，燃煤在锅炉内充分燃烧，提高了能源的利用率，2012 年锅炉吨煤产汽达到 4.0t，与 2011 年同比增加。

③ 合理安排运行方式，减少机、炉启停的次数，2012 年同比 2011 年减停 13 次，减少启停炉耗油 120t。

④ 保证高压电动机变频器的投入使用率，减少高压电机的能量损耗。通过加强投入运行的 10 台变频器的日常检查与维护工作，使 10 台变频器运行状况良好，特别是完成 8 号炉一、二次风机两台变频器的大修后，保证了 8 号炉在整个采暖期安全平稳运行。10 台变频器完好投入率为 2008 年以来同期最高水平。

⑤ 及时停运不必要运行的设备。例如供热首站和链条炉变压器、生产厂房、办公场所内不需要的照明和空调。

（2）发电水单耗降低原因。

① 加强与盘锦市河闸管理处联系，延长了明渠水的供水时间。及时投入明渠，既对循环水进行了置换，又降低了循环水温度，使机组空冷器、冷油器用循环水来冷却。

② 充分利用好现有的冷却水、疏水、凝结水、余汽等回收设备,确保各种水汽及时回收。2012 年将"给水泵冷却水系统"进行了升级改造,改造后每天回收冷却水约 200t。将"4 号炉零米冷却水回收装置"进行了改造,改造后每天回收冷却水约 400t。

(3)供热水单耗降低原因。

① 加大热网失水的巡查力度,并且通过对热网加药来降低热网失水量;其中 3 月对紫园站、欧式站白天停供,在 11 月份对钻南站白天停供。2012 年共查找失水点 100 余处,处理了中心医院东侧洗车场等窃水行为,比 2011 年同期减少失水 $8 \times 10^4 t$,热网失水率下降了 0.12%。在供暖末期,根据室外温度变化实施变工况运行,逐步停止各供热站 26 台水泵运行。

② 供暖前期和后期,生产现场汽暖昼停夜供,年可节约蒸汽约 1500t;供暖结束后,将油泵房退出热备用,减少了厂用蒸汽的耗量。

供水耗电量与 2011 年同期相比变化不大。2012 年末上市部分水消耗 $1574.08 \times 10^4 m^3$,与 2011 年同期 $1691.62 \times 10^4 m^3$ 少消耗 $117.54 \times 10^4 m^3$。主要原因是有两家单位划归 ×× 公司。

2. 重点耗能设备分析

×× 油田公司各类主要耗能设备共 20902 台,消耗能源 3217060.22tce。其中锅炉、加热炉和抽油机消耗能源量比例较大,分别占 77.03%、14.86%、5.08%。各类设备运转正常。主要耗能设备信息见表 6 - 6。

表 6 - 6 主要耗能设备报表

序号	设备名称	在用台数,台	装机容量 kW	耗能量	
				计算单位	数量
1	注水泵	268	74828.5	$10^4 kW \cdot h$	27010.5
2	输油泵	1325	91743.02	$10^4 kW \cdot h$	27188.89
3	抽油机	10906	396614.59	$10^4 kW \cdot h$	132890.82
4	电潜泵	131	8004	$10^4 kW \cdot h$	6607.12
5	风机	64	13731.5	$10^4 kW \cdot h$	4196.99
6	机泵	230	36947	$10^4 kW \cdot h$	10032.84
7	锅炉	398	5357693.4	tce	2478068.89
8	加热炉	7368	2738293	tce	478209.13
9	压缩机	212	12559.7	tce	5239.72
10	合 计	20902	8730414.71	tce	3217060.22

四、节能节水指标考核完成情况

1. 能耗水耗指标完成情况

××油田公司 2012 年各种能源品种综合能耗为 285.83×10^4 tce，比 2011 年同期 291.98×10^4 tce 减少 6.15×10^4 tce，降幅约为 2%。实施重点节能项目 17 项，技措节能 6.35×10^4 tce，节水 128.79×10^4 m^3，全面完成集团公司下达的节能节水任务指标。

2. 节能量节水量完成情况

2012 年共实施各类节能项目 17 项，实现节能量 6.35×10^4 tce，节约价值量 8488.89 万元，其中上市部分完成 13 项，实现节能量 5.58×10^4 tce，节约价值量 7470 万元；未上市部分完成 4 项，实现节能量 0.77×10^4 tce，节约价值量 1018.89 万元。节水量是 128.79×10^4 m^3，其中上市节水量 119.30×10^4 m^3，未上市节水量 9.49×10^4 m^3。2012 年节能目标值为 4.9×10^4 tce，节水目标值为 109×10^4 m^3，全面完成集团公司节能节水工作任务。

五、节能管理工作开展情况

2012 年主要开展了以下几方面工作：
(1)明确目标责任，完成节能节水任务"硬"指标。
(2)完善机构建设，奠定节能节水工作"总"基础。
(3)培养节能意识，提升节能节水工作"软"实力。
(4)创新管理内涵，再上节能节水管理"新"台阶。
(5)依托科技进步，瞄准节能节水技术"高"水平。
(6)规范运作程序，推进节能节水项目"细"管理。
(7)严格监测审计，促进节能节水监督"严"要求。

六、节能节水技术措施实施情况

2012年在股份公司和油田公司资金计划下达后,积极与项目设计单位、项目实施单位及油田公司相关处室沟通协调,按照"施工图审查—合同签订—现场实施—现场测试—完工验收"的工作程序加快项目实施进度。目前项目均已完成合同签订,部分节能产品已经到货,等待现场原态测试后安装。其中:××区块节能改造工程已完成部分节能加热炉、节能电机及控制装置的安装,能源计量仪表已经全部采购到位,流程改造等工作也在紧张有序地组织实施中;××采油厂热注站综合改造、高耗低效设备更新工程、热泵技术应用及高压电力系统改造,均已进入现场安装阶段,部分设备已经安装完毕。2012年节能项目整体实施进度已超过50%,预计明年一季度前完成全部项目的验收工作。

七、存在问题及下一步工作安排

××油田公司节能节水工作将继续紧密围绕"十二五"油田公司节能节水工作总体思路,从完善制度体系、夯实基础管理、深入开展能效对标、积极推进节能监察监测等方面入手,注重全员节能意识与技能的培养,理顺和统一全油田节能系统工作思路,加强处室间横向的业务沟通与协作,主要针对以下七项重点内容开展工作。

(1)完善制度体系,理顺工作程序,细化和规范日常节能管理。

(2)深入开展能效水平对标研究,提升油田耗能系统能效水平。

(3)规范监督手段,保证节能工作质量。

(4)加强节能宣传培训,培养全员节能意识。

(5)积极抓好加热炉能效提升工作。

(6)做好节能示范区站的创建、评选和经验推广。

(7)做好节能专项资金项目的实施工作。

第二节　稀油油田案例——××油田 2012 年统计分析报告

2012 年是"十二五"承上启下的重要一年,也是实现"十二五"节能减排目标的关键之年。××油田以战略规划为统领,以科技创新为先导,以系统优化为重点,以精细管理为支撑,以考核机制为保障,全面构建节能管理长效机制;提高认识,加强组织保障,全面开展好能耗对标工作,积极引入新理念、新模式,形成新机制,确保新实效,建立完善激励约束机制,加大对节能工作的奖励力度,全面提升公司节能节水管理水平。

2012 年能源消耗总量为 29.41×10^4 tce,比 2011 年同期增加了 1.77×10^4 tce,增幅 6.4%;总耗水 $40.16 \times 10^4 m^3$,比 2011 年同期减少了 $4.44 \times 10^4 m^3$,降幅 9.96%。实现措施节能量 0.57×10^4 tce,完成目标的 143%,节水量 $2.04 \times 10^4 m^3$,完成目标的 102%。

一、生产概况

2012 年生产原油 $165 \times 10^4 t$,天然气 $48743 \times 10^4 m^3$,合计油气当量 $203.84 \times 10^4 t$,产水量 $1282.68 \times 10^4 t$,产液量 $1447.68 \times 10^4 t$,综合含水 88.6%。2011 年生产原油 $165.1 \times 10^4 t$,天然气 $43938 \times 10^4 m^3$,合计油气当量 $200.11 \times 10^4 t$,产水量 $1370.81 \times 10^4 t$,产液量 $1535.91 \times 10^4 t$,注水量 $504.46 \times 10^4 m^3$,综合含水 89.25%。2012 年比 2011 年同期原油产量降低了 0.06%,伴生气产量增加了 10.94%,油气当量增加了 1.86%,产水量减少了 6.43%,产液量减少了 5.74%,注水量减少了 17.18%,综合含水下降了 0.65%。各种生产指标的完成情况见表 6-7。

表 6-7　各种生产指标的完成情况

项目	2011 年	2012 年	变化量	变化率,%
原油产量,$10^4 t$	165.1	165	-0.1	-0.06
伴生气产量,$10^8 m^3$	43938	48743	4805	10.94
油气当量,$10^4 t$	200.11	203.84	3.73	1.86

项目	2011 年	2012 年	变化量	变化率,%
产水量,10^4t	1370.81	1282.68	- 88.13	- 6.43
产液量,10^4t	1535.91	1447.68	- 88.23	- 5.74
注水量,10^4m³	504.46	417.79	- 86.67	- 17.18
综合含水,%	89.25	88.6	- 0.65	- 0.73

二、能源消耗分析

2012 年生产综合能耗 29.41 × 10^4tce。其中天然气消耗 18768 × 10^4m³、电力消耗 29301 × 10^4kW·h、汽油消耗 836t、柴油消耗 5000t,新鲜水用量 40.16 × 10^4m³;2011 年生产综合能耗 27.64 × 10^4tce。其中天然气消耗 17575 × 10^4m³、电力消耗 29876 × 10^4kW·h、汽油消耗 790t、柴油消耗 3280t,新鲜水用量 44.6 × 10^4m³。2012 年生产综合能耗比 2011 年同期增长了 6.4%,天然气消耗增长了 6.79%,电力消耗下降了 1.92%,汽油消耗增长了 5.82%,柴油消耗增长了 52.44%,新鲜水消耗下降了 9.96%。能源实物量消耗见表 6-8。

表6-8 能源实物量消耗统计表

项目名称	计量单位	2011 年	2012 年	变化量	变化率,%
综合能耗	10^4tce	27.64	29.41	+ 1.77	+ 6.4
天然气消耗	10^4m³	17575	18768	+ 1193	+ 6.79
电力消耗	10^4kW·h	29876	29301	- 575	- 1.92
汽油消耗	t	790	836	+ 46	+ 5.82
柴油消耗	t	3280	5000	+ 1720	+ 52.44
新鲜水消耗	10^4m³	44.6	40.16	- 4.44	- 9.96

1. 综合能耗分析

2012 年生产综合能耗比 2011 年同期增加了 1.77 × 10^4tce,增幅 6.4%。综合能耗增加的主要原因是天然气消耗增加了 1193 × 10^4m³,增加了 1.59 × 10^4tce。

2. 天然气消耗分析

2012 年天然气消耗比 2011 年同期增加了 $1193 \times 10^4 m^3$,增幅 6.79%,增加的主要原因:天然气产量增加,天然气自用量 = 天然气产量 − 外销量 = $48743 - 29975 = 18768 \times 10^4 m^3$。2012 年天然气的实际消耗量比 2011 年同期减少了 $540 \times 10^4 m^3$,下降幅度 6.24%,下降的主要原因是对各站、区加热炉进行了定期维护保养并根据季节性变化调整了加热温度和运行时间,3—9 月份共停运加热炉 22 台,节气 $284 \times 10^4 m^3$;在保证末站收油温度的基础上,通过分析和计算长输管道外输原油温降,合理调整首站原油加热温度,节气 $148 \times 10^4 m^3$;加强内部管理,杜绝跑、冒、滴、漏。安装橇装式天然气回收装置,减少天然气的放空,加装气表,实现用能计量,节气 $62 \times 10^4 m^3$;更换全自动变频燃烧器 10 台,解决由于人为调整不当带来的超温、低温、风量过剩、风量不足等低效运行情况,节气 $46 \times 10^4 m^3$。

3. 电力消耗分析

2012 年电力消耗比 2011 年同期减少了 $575 \times 10^4 kW \cdot h$,下降了 1.92%,电力消耗下降的主要原因是:采油、注水耗电量减少。

采油方面:一是合理控制开发建设进度,根据生产变化积极调整生产模式和方法。二是优化举升工艺,改变了"大马拉小车"的现象,人工岛整体实施长冲程智能直线抽油机采油作业 46 口、电泵转抽油机 46 口、电泵转螺杆泵 10 口、大泵换小泵 68 井次,泵效提高了 13%;三是优化油井工作制度,合理调整间开制度,实现供液和采出的动态平衡,完成以清防蜡、控套、间开为主的油井日常维护措施 48 井次、以调参、非酸解堵为主的油井日常管理措施 42 井次、调整抽油机平衡度并及时调整参数实施 641 口井、合理间开 106 井次。

注水方面:推广应用稳流配水技术,简化注水流程,通过分层注水、水量调整等措施,提高注入水的有效利用率,使受效油井增油减水;关停无效注水井 28 口,减少日注水量 $670 m^3$;对高浅层无效井实施关停 24 井次,减少日注水量 $680 m^3$;实施周期注水 36 口,减少日注水量 $480 m^3$。通过注水结构优化,日减少无效注水量 $630 m^3$。平均日节电 $1.88 \times 10^4 kW \cdot h$。

4. 汽油、柴油消耗分析

2012 年汽油消耗比 2011 年同期增加了 46t,增长了 5.82%,主要原因是:2012 年油田公司辞退了 100 多辆租用车辆,运输工作由油田公司某公司负责,增加了 100 多辆车辆用油。柴油消耗比 2011 年同期增长了 1720t,增长了 52.44%,主要原因是:油田海上运输用油和海上应急船舶用油在 2011 年之前没有统计,海上运输消耗的柴油从勘探开发项目计划中核销,海上应急船舶用油从股份公司费用里核销,2012 年增加了海上运输和海上船舶用油的统计,因此比 2011 年同期增加了 2125t。

5. 清水的使用分析

2012 年水消耗比 2011 年同期减少了 $4.44 \times 10^4 \mathrm{m}^3$,降低了 9.96%,降低的主要原因是一线单位除了饮用水以外,其他生活用水全部使用处理后的油井产出水;矿区基地安装了感应水龙头;绿化实施了微喷灌、滴灌等节水技改措施。

三、单耗指标及重点耗能设备分析

(1)2012 年油(气)生产综合能耗 144.30kgce/t,比 2011 年同期增加了 6.17kgce/t,增长幅度 4.47%,增加的主要原因是:天然气的消耗增加了 $1193 \times 10^4 \mathrm{m}^3$,增幅 6.79%,增加了 $1.58 \times 10^4 \mathrm{tce}$。

(2)2012 年油(气)液量生产综合能耗 19.79kgce/t,比 2011 年同期增加了 2.19kgce/t,增长幅度 12.44%,增加的主要原因是:一是天然气的消耗增加了 6.79%;二是产液量下降了 5.61%。

(3)2012 年油(气)生产用电单耗 143.74kW·h/t,比 2011 年同期减少了 5.56kW·h/t,下降幅度 3.72%。

(4)2012 年采油(气)液用电单耗 10.25kW·h/t,比 2011 年同期增加了 0.52kW·h/t,增长幅度 5.34%。

(5)2012 年注水系统单耗 9.70kW·h/t,比 2011 年同期增加了 0.05kW·h/t,增长幅度 0.52%,增加的主要原因是:注水用电量的降幅低于注水量的降幅,注水用电量比 2011 年同期下降了 4.56%,而注水量比 2011 年同期下降了 17.48%(主要单耗指标完成情况见表 6 - 9)。

(6)2012 年油气集输综合能耗 3.01kgce/t,比 2011 年同期增加了 0.04kgce/t,增长幅度 1.35%,增加的主要原因是:×× 作业区增加了 3 台燃气压缩机,增加了 $104 \times 10^4 \mathrm{m}^3$ 的天然气消耗。

表6-9　主要单耗指标完成情况

序号	指标名称	2011年	2012年	差值	变化率,%
1	油(气)生产综合能耗,kgce/t	138.13	144.30	+6.17	+4.47
2	油(气)液量生产综合能耗,kgce/t	17.60	19.79	+2.19	+12.44
3	油(气)生产用电单耗,kW·h/t	149.30	143.74	-5.56	-3.72
4	采油(气)液用电单耗,kW·h/t	9.65	9.70	+0.05	+0.52
5	注水用电单耗,kW·h/t	7.67	8.77	+1.1	+14.34
6	油气集输综合能耗,kgce/t	2.97	3.01	+0.04	+1.35

四、节能节水指标考核完成情况

2012年油田公司节能目标为 0.4×10^4 tce,奋斗目标 0.6×10^4 tce,公司2012年实现措施节能量 0.57×10^4 tce,完成全年目标的142.5%。节水目标为 2×10^4 m³,公司2012年实际完成节水量 2.04×10^4 m³,完成全年目标的102%。

2012年油田公司与××市政府达成了 0.38×10^4 tce 的节能量,公司2012年实现节能量 0.4×10^4 tce,完成目标任务的105.26%。

节能节水指标完成情况见表6-10。

表6-10　节能节水指标完成情况

指标名称	节能量, $\times 10^4$ tce	节水量, $\times 10^4$ m³
股份公司		
节能指标	0.4	2
奋斗目标	0.6	
2012年	0.57	2.04
××市		
节能指标	0.38	
2012年	0.4	

五、节能节水开展的主要工作

在公司领导的大力支持下以及各部门、各单位积极配合下,公司各项节

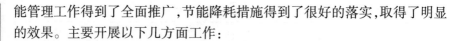

能管理工作得到了全面推广,节能降耗措施得到了很好的落实,取得了明显的效果。主要开展以下几方面工作:

1. 加强组织领导,强化节能目标责任的落实考核

公司将节能量、节水量作为硬指标纳入各单位的业绩考核。各单位结合公司节能指标,在科学预测的基础上把节能节水各项工作目标和任务逐级分解,逐级落实,强化了责任落实和监督考核,严格实行了目标责任制,通过实行月度统计、季度分析和年度考核,使节能节水的指标有计划、消耗有考核、日常有监督、节超有奖罚,形成运转有效的节能监督、约束和激励机制。同时加强了对节能指标完成情况的监控,全面推行对耗能用水和节能节水情况的跟踪、分析和达标考核制度,加大对重点耗能用水单位的监督、检查和指导力度,加强对重点系统、装置、设备的节能专项分析、诊断和监测。

2. 统筹安排,制定节能节水措施

公司制定了2012年节能节水工作规划,下发了《公司2012年节能节水管理工作要点》,明确了油田年度节能节水目标及各单位的能源消耗量和消耗定额。结合油田生产实际,编制了"十二五"节能节水规划,同时按照集团公司和河北省的要求,进行了节能节水指标预测,做到了合理、科学预测,达到了集团公司和河北省政府的要求。

3. 全面强化节能管理的基础工作

(1)加强节能节水规章制度建设。公司重新修订《开展创建节能节水型企业活动实施方案》,明确创建节能节水型企业的指导思想、工作目标、活动步骤和主要措施,同时完善《节能节水项目及专项资金管理办法》《固定资产投资项目节能评估及审查管理办法》两项制度。各单位也相应的建立健全了节能计划、节能项目管理、节能新产品准入、试验和节能目标考核等配套管理制度。

(2)加强能耗定额管理。加大对主要耗能设备和系统的调查、跟踪和评价力度,进一步完善了各采油区块和单台耗能设备和产品消耗定额指标体系。对于消耗状况明晰,易于量化的设备和系统,制订能源消耗定额指标;对不便于量化的设备和系统,参考同行业内的指标水平,制订限额指标。加强对定额的修正、监督和考核,积极扩大定额覆盖面,把定额管理作为提高节能基础管理水平、实现节能过程监控、确保节能指标完成的重要手段。

（3）加强节能节水统计工作。按照集团公司和地方节能主管部门的要求，统一报表。加强了统计报表上报管理工作，要求在每月的 5 日前提交节能节水月报表，以便公司及时汇总。加强节能分析管理工作。各单位每月分析主要能耗动态，每季度对主要能源消耗情况进行全面分析，查找能源消耗波动的原因，有针对性地制定措施，堵塞管理漏洞。公司组织召开了一季度和三季度能耗统计分析会。

（4）加强能源计量器具的配备和管理。公司抓住建设数字化油田的有利契机，积极调查采油、注水、输油等用电分不开的情况，按照实际情况完成了能源计量器具的需求报告，同时建立健全能源计量管理台账。

（5）加大节能监测力度。公司加大对重点单位、重点耗能用水设备（系统）和重点节能改造项目的监测力度。2012 年计划组织对机采、注水、输油、加热炉和供电五大系统进行重点监测，及时掌握、分析、调整设备运行状态，全面提高设备运行效率。按照股份公司节能监测的工作要求，已完成15 套注水系统，共 22 台注水泵的节能监测工作，完成计划的 100% ，平均系统效率为 48% 。其中：节能监测合格系统 7 套；节能监测节能运行系统 5 套。平均功率因数为 0.92，合格率为 73.33% ；平均机组效率为 81% ，达到限定值考核指标要求的 20 台，达到节能评价值考核指标要求的 14 台。并安排落实自测资金，加强对高耗能设备的节能监测，包括注水泵、输油泵和加热炉等 310 台设备进行了节能监测，主要耗能设备节能监测率超过了50% ，目前按计划完成 120 台注水泵、110 台输油泵和 86 台加热炉的测试，根据节能监测报告，油田公司下发了《2012 年节能监测公告》，针对存在的问题提出了整改措施，并开展整改情况的复测工作。

（6）组织开展节能论文的征集活动。按照股份公司的要求，各油气田组织开展节能论文的征集，将优选的节能论文上报股份公司，并对上报的节能论文进行评审。油田公司积极响应股份公司的工作要求，开展了节能论文的征集活动，共有四篇论文入围了勘探与生产分公司的论文发布，其中"燃气发动机废气余热回收利用探讨"获得了论文发布二等奖，"直线式抽油机在××陆上油田的应用"获得了论文发布三等奖。

4. 加强日常管理，节约降耗

继续全面推广2011 年以来行之有效的一系列做法，紧紧围绕"十大工程"全力做好节能这篇大文章。

（1）优化电力能耗结构，减少电力消耗。抓好"转、调、推、优、管"五项措施，转，即抓好能耗转换工作，实现功能替代；调，即充分利用峰、谷、平不同的收费政策，切实抓好"削峰添谷"调整工作，对日产吨油以下油井利用电价最低的谷段时间生产；推，即推广应用节能型抽油机，更换超高转差率电机，应用井场无功自动补偿装置、抽油机变频调速等一系列节电措施；优，即优化油水井工作制度；管，即加强自用和外转供电的管理工作，杜绝电能"跑、冒、滴、漏"的现象发生。

（2）优化油井举升工作制度，减少非经济产量油井的开井数目，降低综合含水，减少集输能耗、减少注水回灌能耗、减少外排水热能能耗。通过优化举升方式，对日产吨油以下油井逐步采取转抽或捞油等方式，使产液结构更趋合理化。

（3）优化注水井管理工作。通过全面推广变频注水泵和优化注水泵运行方式以及减少无效注水量等措施，进一步提高注水效果，优化注水方案、合理配注水量，减少低效、无效循环。

（4）优化油井掺水制度，实现掺水规范化、制度化操作。要根据季节特点和油井的产液变化情况，通过合理的系统优化调整，减少掺水量等合理有效的掺水措施，进一步优化掺水制度。

（5）优化油井热洗制度，强化热洗方案的审核。延长热洗周期，延长油井有效生产时间，以达到高效节能的目的。

（6）优化集输系统加药管理，通过采取定期跟踪分析、调整加药浓度、合理确定加药量等措施，进一步加强管理，优化加药制度。

（7）优化油泥、污油的处理方式。通过加大管理力度、规范管理制度、完善管理程序，建立一套油泥、污油处理系统，将油泥、污油处理后，纳入集输系统；对处理难度较大的油泥、污油可采取外销等方式，进一步挖掘潜力，提高商品量。

（8）优化生产管理制度，完善油气水井的长效管理机制。本着质量至上，节约发展的工作思路，出台油水井精细化管理手册、电泵井管理操作手册等相关制度，实现单井计量，同时在同行业之间和油田企业内部还要搞好对标管理工作，进一步完善标准，严格管理，规范运行。

（9）加强用水日常管理，提高水资源利用率。各单位结合实际，探索建立用水总量控制和用水定额相结合的用水管理办法，加强供水管网和用水设施的巡回检查,发现问题及时整改,坚决杜绝跑、冒、滴、漏和超定额用水。同时依靠科技力量,推进节水技术改造,积极推广使用节水设备和器具,提高技术节水的贡献率。

5. 优化运行参数,提高五大系统效率

采油作业区加强了对抽油机、电潜泵、螺杆泵的管理,加强监测,及时调整参数,提高机采效率;集输公司加强了输油泵、水泵的管理,提高泵效;供电公司从严精细管理,提高供配电系统效率,降低网损;作业区按照油田"注采平衡,有效注水,动态配水"的 12 字注水方针要求,调整了不同注水区块的配注水平,提高注水效率;各生产单位与物业公司加强了加热炉的管理,优化进口气量,出口温度,提高热效率。

6. 加强节能节水技术改造和项目管理

2012 年以公司节能专项规划和年度投资框架计划为依据,按节能技术和节能效果认真筛选并确定 2012 年的节能专项投资项目(表 6 – 11)。坚持"突出重点,成熟先行,效益优先"的原则,优先安排技术成熟、效果显著的节能改造项目。编制了 2012 年生产系统节能改造可行性报告和节能示范区工程可行性报告,并通过了股份公司专家组的审核,申请到节能投资 3800 万元。目前计划已下达节能资金 3780 万元,资金使用率达到了 99.47%,共 10 个子项。

表 6 – 11　2012 年节能专项投资项目分解实施情况

序号	项目名称	下达投资万元	实际投资万元	批复文号	预计节能 tce	备注
一	生产系统节能改造工程		2980			
1	××作业区生产系统节能改造工程		1150			
2	陆上油田作业区生产系统节能改造工程	3000	1620	中油×计〔2012〕××号	4400	××××
3	开发技术公司节能监测站监测设备购置		140			
4	2012 年节能监测及节能可行性研究报告编制		70			

序号	项目名称	下达投资 万元	实际投资 万元	批复文号	预计节能 tce	备注
二	陆上油田作业区节能示范工程	800		中油×计〔2012〕××号	1300	××××
	合计	3800	3780		5700	

7. 积极开展能效水平对标活动

按照勘探与生产分公司《能效对标推进视频会》的要求,油田公司开展了系统现状调查与指标分析工作,总结了先进单位在指标管理上先进的管理方法、措施、手段及最佳实践经验,并结合自身实际全面比较分析,分析原因及存在问题,制定了切实可行的对标改进方案和实施进度计划,与华北油田结合,分析区块特性,原油物性和地质构造等因素,找出了具有共性的区块,完成了"××油田陆上作业区南堡陆地区块能耗现状报告",完成了指标差距分析阶段工作。目前油田公司正在对近三年的机采系统效率、注水系统效率、集输系统效率和加热炉热效率数据进行统计、归类,建立了系统效率指标数据库,完成对标指标值的建立。

8. 强化培训教育,提高全员节能节水意识

大力开展2012年"全国节能宣传周"活动,各单位利用各种宣传媒介,宣传国家节能节水的法律法规和政策,编发节能节水简报、信息,节能知识答题等活动,不断增强广大员工的忧患意识、危机意识和责任感、使命感,调动全体员工的主观能动性。在宣传周期间,我们也十分注重对外宣传,树立企业形象,向《中国石油报》《中国石油商报》和××电视台投稿10多篇,其中刊登4篇,包括言论和新闻,为宣传工作成果、树立企业形象起到了一定的作用。组织召开了千人签名活动、节能减排合理化建议活动、"三节约"活动、能源紧缺体验行动、节能知识答题活动和节能潜力分析等活动,把节能理念转化为全员行动。

六、2013 年目标思路和主要任务

1. 指导思想

以建立节能节水长效管理机制为工作目标,完善节能减排规章制度、能耗定额管理、节能指标体系、"以人为本"的激励机制,与 6S 管理紧密结合,全面贯彻节能管理思想,重视节能管理培训与宣传,加强能源计量、监测管理,抓好五大系统的节能改造,有效进行节能资金投入和节能项目管理,推进能源合同管理,积极开展能效水平对标工作,加大节能节水技术研究,全面提升公司节能节水管理水平。

2. 工作目标

总体目标:公司完成节能量 $0.5 \times 10^4 \text{tce}$,节水 $2 \times 10^4 \text{m}^3$。

主要能耗指标:原油(气)液量生产综合能耗控制在 18.4kgce/t 以内,采原油(气)液量生产用电单耗控制在 9.6kW·h/t 以内,注水用电单耗控制在 8kW·h/t 以内,生产吨原油(气)液量新水量 0.024m³/t。

系统效率指标:抽油机提高 3.2%,潜油泵提高 2.5%,注水泵提高 5.5%,输油泵提高 2.0%,加热炉提高 5%。

3. 工作思路

(1)继续深化基础管理、创新管理模式,建立特色节能管理体系,突出管理创新。

(2)深入运用对标方法,加快技改步伐、加强技术储备、加快建成抽油机能效标杆从而突出技术创新。

(3)高质量的推行节能评估,总经经验、固化成果,有效控制增量,突出理念创新。

(4)充分发挥体制优势,整合各路资源力量,共同促进油田资源节约,突出机制创新。

(5)加强科研,着力解决目前依然制约资源节约的瓶颈问题,不断实现新突破。

4. 保障措施

（1）践行科学发展理念，明确节能目标，不断推动资源节约型企业转型。

① 积极承担社会责任。"十二五"期间××油田承担××市 2×10^4 tce 的节能任务，占全油田用能总量的 8%。在能耗总量控制难度大的不利情况下，将进一步深入开展节约潜力分析和挖潜，确保完成"万家企业"节能节水目标任务。

② 持续有效提升用能效率。到"十二五"末力争原油液量生产综合能耗下降 10%，进入国内先进行列。万元产值能耗下降 5%。

③ 不断调整优化能源消费结构。加大新能源尤其是太阳能资源的规模化推广力度。对余热等进行梯级利用，关停燃煤、燃油锅炉，实现区域化热平衡，减少燃料消耗。在钻修井过程中，积极使用网电并推广"油改气"钻井，减少柴油消耗。

（2）深化管理，夯实基础，突出管理创新在企业资源节约管理体系中的保障作用。

① 搭建管理平台，完善管理机构，注重突出有感领导。节能领导小组统一领导、专业模式管理，各级实行一把手负责制。分季度召开委员会联席会和专题分析会。建立节能节水指标预警机制和晴雨表。

② 开发管理要素，规范管理内容。以《能源管理体系》为指导，应用系统管理手段使节能管理工作满足标准要求，提高能源管理的有效性并改进整体绩效。

③ 建立控制文件，实现过程控制。现已制定控制类文件 10 余个，"十二五"期间油田将重点完善体系标准，形成闭合管理模式。

④ 完善的激励和约束机制。按年度分解节能节水指标，继续开展差异化考核，试行各单位一把手负责制，未完成指标单位扣除相应业绩分值并与奖金挂钩。

⑤ 做好宣传工作，充分发挥舆论导向作用。把每年的三月设置为油田"节能减排促进月"，并以此为切入点大力开展潜力分析项目申报、人员培训、高端讲座等活动。以每年六月国家"节能宣传周"主题活动为契机，利用媒体大力开展舆论宣传和造势活动。

（3）充分发挥体制优势，整合市场各路资源力量，突出机制创新在管理中的推动作用。

① 课题研究及标准制修订。计划在"十二五"期间通过战略合作系统化地进行现状评价，按区块深入分析资源使用存在的问题和改进方向，推进"节能示范站""示范区"建设。在现有《××油田能效定额指标体系》已有的 10 余项指标基础上，继续与专业机构合作开展指标体系的修订，力争研究出一套科学、适用的指标体系，也为开展资源消耗精细管理、落实节能评估工作提供了强有力的数据支撑。在标准制修订过程中，突出实用性和科学性，"十二五"期间力争完成 4 项企业标准的制定。同时在理论知识领域保持互动，力争完成 12 篇技术论文的发表。

② 继续坚持开展甲乙方合作。继续与××公司在天然气回收、新能源利用、清洁钻井等领域大力开展合作，同时在部分机泵改造项目上积极推行合同能源管理。

③ 已成功组建××节能监测站。节能监测是资源管理的重要内容，也是××油田开展节能工作的薄弱环节，已于 2012 年上半年筹备组建了××节能监测站，以此确保"十二五"期间节能监测工作的完整性、及时性、准确性。节能监测站具有设备普测、节能专项投资项目的评价、所属单位年度新增节能措施节能量核查、节能技改项目测试、节能产品准入分析、能源审计、监测数据技术管理及软件分析等职能。

（4）落实节能评估，打破末端节能思维，突出源头治理理念在企业管理创新中的绝对优势。

① 制定"节能评估"控制文件。增强项目源头管控能力建设，使节能工作重心前移，对油田改善用能指标、实现节能目标具有举足轻重的作用。因此要进行"节能评估办法"的制定工作，尝试对固定资产投资项目开展节能评估试验等。

② 制定"节能评估"体系标准。制定《工业类固定资产投资项目节能评估通则》作为指导节能评估的原则性文件；制定《油田类固定资产投资项目节能评估导则》直接用于规范评估机构开展工作；研究《油田定额指标体系》，为评估结果提供参考和可比指标。

③ 总结经验，固化成果。从"十二五"开始油田将高标准、机制化、规范

化地开展节能评估工作,从而突出源头治理在节能管理中的绝对优势,同时也需要在工作中不断总结和固化成果。

第三节　气田案例——××油气田 2012 年统计分析报告

2012 年,××公司继续以科学发展观为指导,认真贯彻国家、集团公司、四川省节能工作的有关精神,围绕集团公司建设综合性国际能源公司的发展目标,按照《万家企业节能低碳行动实施方案》及四川省《千户企业节能行动推进方案》的要求,依据《能源管理体系要求》(GB/T 23331—2012),建立健全能源管理体系,逐步形成自觉贯彻节能法律法规与政策标准的行业素质,主动采用先进节能管理方法与技术,实施能源利用全过程管理,注重节能文化建设的企业节能管理机制,做到工作持续改进、管理持续优化、能效持续提高。继续实施基础管理建设工程和创建资源节约型企业,落实目标责任,完善机制体制,大力发展低碳经济,推进节能减排。公司于年初制定了工作计划,安排部署了 2012 年的重点工作,下达了节能节水指标。

一、生产概况

2012 年公司共生产天然气 $1315182 \times 10^4 m^3$(其中自营 $1304266 \times 10^4 m^3$),液体产品 153229t(原油 141422t)。与 2011 年对比如表 6 – 12 所示。

表 6 – 12　生产指标完成情况对比表

项目	2011 年	2012 年	变化量	变化率,%
原油产量,$10^4 t$	14.0847	15.3229	1.2742	0.09
天然气产量,$10^4 m^3$	1420620	1315182	– 105438	– 0.074
油气总产量,$10^4 m^3$	1438296	1334412	– 103884	– 7.22%
油气当量,$\times 10^4 t$	1146.0528	1063.2767	– 82.7761	– 0.072

二、能源消耗分析

2012 年,按照燃动能耗计算方法,我公司能源消耗总量为 910967tce,能源消耗费用 77421 万元。主要消耗的能源为天然气、电、汽油、柴油、原煤。其中仅天然气一项能耗就达到了 869079tce,占总能耗的 95.4%。这与公司主要从事天然气生产且开采处于后期密切相关,能源消费结构合理。其中,上市部分能源消耗总量为 889058tce,占我公司能耗的 97.63%,比 2011 年同期的 962734tce 减少了 73676tce。未上市部分能源消耗总量为 21908tce,与 2011 年同期的 21874tce 基本持平。未上市部分业务相对稳定,能耗波动不大。

2012 年新鲜水共消耗 $645.19 \times 10^4 m^3$。其中,按资产属性分,上市部分消耗 $385.01 \times 10^4 m^3$,未上市部分消耗 $260.18 \times 10^4 m^3$;按业务板块分,油气田业务消耗 $335.6 \times 10^4 m^3$,比 2011 年同期减少了 $50.72 \times 10^4 m^3$,降低了 13.13%。2012 年与 2011 年能源和新鲜水消耗同期对比明细见表 6-13。

表 6-13　能源和新鲜水消耗同期对比

能源品种		单位	2012 年	2011 年	2012 年各项能耗占总能耗的比重,%	同比增减	变化率,%
原煤		t	231.57	335.97	0.02	-104.4	-31.07
天然气			65344.25	70785.09	95.40	-5440.84	-7.69
其中	自用	$10^4 m^3$	26562.55	28420.09	38.78	-1857.54	-6.54
	损耗		38793	42365	56.64	-3572	-8.43
电		$10^4 kW \cdot h$	23743.56	24387.37	3.20	-643.81	-2.64
汽油		t	5898.67	6011.72	0.95	-113.05	-1.88
柴油		t	2547.17	2819.85	0.41	-272.68	-9.67
总能耗		tce	910967	984608	—	-73642	-7.48
新鲜水		$10^4 t$	645.19	735.58	—	-90.39	-12.29

1. 综合能耗分析

2012 年生产综合能耗比 2011 年同期减少了 $7.36 \times 10^4 tce$,降幅 7.48%。综合能耗降低的主要原因是天然气消耗减少了 $5441 \times 10^4 m^3$,减少了 $7.24 \times 10^4 tce$。

2. 天然气消耗分析

天然气消耗比 2011 年同期减少了 $5441 \times 10^4 m^3$，降幅 7.69%，减少的主要原因：由于天然气开采处于后期，而接替区块地面建设未完工，使天然气自营总产量（含原油自营部分）比 2011 年同期减少 $100956 \times 10^4 m^3$，产量下降的同时，井站各种能耗设备能耗量下降，损耗随之降低。通过实施净化厂的适应性改造、压缩机的改缸、水套炉的拆除、井下节流器的使用、装置的二合一操作、放空气的回收等节能技措改造，2012 年共节约天然气 $699.41 \times 10^4 m^3$。

3. 电力消耗分析

2012 年电力消耗比 2011 年同期减少了 $643.81 \times 10^4 kW \cdot h$，下降了 2.64%，电力消耗下降的主要原因：一是废水的回用量增加，回灌废水量减少，电力消耗下降；二是天然气净化量同比下降，使电力消耗比 2011 年同期下降 $88 \times 10^4 kW \cdot h$，而通过用电设施改造、线路改造、变频改造等技措项目的实施，节约电力消耗 $158 \times 10^4 kW \cdot h$。

4. 汽油、柴油消耗分析

2012 年汽油消耗比 2011 年同期减少了 113t，减少了 1.88%，柴油消耗比 2011 年同期减少了 273t，减少了 9.67%，汽、柴油减少的主要原因：一是汽车中心加强了定额管理，二是柴油车改汽油车后，柴油消耗减少，而新车的能耗较低，使汽油消耗减少。

5. 清水的使用分析

2012 年水消耗比 2011 年同期减少了 $90.39 \times 10^4 m^3$，降低了 12.29%，降低的主要原因：一是××气矿集气总站漏水管线年初停用，改为接地方自来水供水方式，大幅度降低了水消耗；二是净化总厂 2012 年未发生支援地方用水；三是××气矿启用了中水回用；四是××气矿净化厂加强了用水管理，在机泵温度达到要求的情况下，尽量使用循环水代替新鲜水作为机泵冷却水。五是由于 2012 年雨季多，绿化用水减少，加上××公管中心因××，2011 年用水增加了约 $12 \times 10^4 m^3$ 水，2012 年无此水量，以及××社区管理解决了原测井小区主水管线破损漏水严重的问题，每月可节约水约 $2 \times 10^4 m^3$。矿区服务业务比 2011 年同期减少 $41.35 \times 10^4 m^3$。

三、单耗指标及重点耗能设备分析

（1）天然气生产综合能耗 $661.94kgce/(10^4 m^3)$ ，比 2011 年同期的 $666.33kgce/(10^4 m^3)$ 下降了 0.65% 。

（2）气田采集输综合能耗为 $426.07kgce/(10^4 m^3)$ ，比 2011 年同期的 $489.37kgce/(10^4 m^3)$ 下降了 12.93% 。

（3）单位天然气净化综合能耗由于 2012 年的处理量比 2011 年同期下降了 26.16% ，而 2011 年同期能耗的统计未统计天然气中所含杂质 $4385 \times 10^4 m^3$ 的量，因此 2012 年的净化单耗上升较多。如将 2011 年的天然气杂质 $4385 \times 10^4 m^3$ 算进能耗，2011 年净化单耗为 $338.9kgce/(10^4 m^3)$ ，则 2012 年的单耗 $461.47kgce/(10^4 m^3)$ 比 2011 年的上升了 36.16% 。主要原因为分公司天然气产量下降，各装置处理负荷降低，导致装置处于一用一备状态，故能耗量上升。

（4）油气田生产用水单耗 $2.54m^3/(10^4 m^3)$ ，比 2011 年同期的 $2.71m^3/(10^4 m^3)$ 下降了 $0.17m^3/(10^4 m^3)$ 。

四、节能节水指标考核完成情况

1. 节能量完成情况说明

公司 2012 年共实现节能量 $1.03 \times 10^4 tce$（表 6 - 14），其中，油气田生产技措节能 $0.98 \times 10^4 tce$ ，价值 812.31 万元，化工板块节能量由炭黑、气体产品、LNG 组成，共产生节能量 $0.03 \times 10^4 tce$ ，其他业务技措节能量为 $0.02 \times 10^4 tce$ 。上市部分完成 $1.01 \times 10^4 tce$ ，未上市部分完成 $0.02 \times 10^4 tce$ ，完成了板块公司下达指标。

表 6 - 14　节能节水量指标完成情况表

考核指标名称	股份公司考核	完成情况
节能量，$10^4 tce$	0.4	1.0334
节水量，$10^4 m^3$	0.2	25.68

2. 节水量完成情况说明

2012 年，公司共实现节水量为 $25.68 \times 10^4 t$ ，其中油气田产生节水量

$23.32 \times 10^4 \mathrm{m}^3$（单耗法），化工实现节水量（单耗法）$0.46 \times 10^4 \mathrm{m}^3$，矿区服务业务产生节水量（技措法）$1.9 \times 10^4 \mathrm{m}^3$，超额完成板块公司下达指标。

五、节能节水开展的主要工作

2012 年，分公司共获批集团公司 2 个专项项目，其中《天然气净化装置节能改造及天然气净化厂节能示范工程》可研已批复，目前××气矿已实施完成，××气矿初设已批复，净化总厂处于在初设阶段。《能源计量器具配置及改造》项目目前处于可研阶段。

1. 安排年度节能工作，分解下达节能节水考核指标

（1）部署全年节能重点工作。2012 年初公司根据"××的通知"，下发了 2012 年节能节水工作要点。

（2）分解下达节能节水考核指标。为确保节能指标的科学、合理，年初分公司测算并分解了年度节能节水考核指标，明确了指标计算方法、考核方式及有关要求，并根据××通知，明确了各单位的节能节水工作目标。各单位对指标进行了层层分解。

2. 加强节能考评，表彰节能先进

（1）2012 年初，公司完成对各单位的节能工作考评，发布了《××油气田公司 2011 年度节能节水报告》，对各单位节能节水指标完成情况进行了通报。

（2）为奖励先进，鞭策落后，促进节能工作开展，公司发布《关于对 2011 年度质量安全环保节能先进进行奖励的通知》，对节能工作突出的单位、技术机构和个人，以及两个节能样板站场进行了表彰。

3. 组织开展能源审计，规划"十二五"节能工作

（1）组织开展能源审计。为达到国家和地方政府要求，进一步推动节能工作的深入开展，公司对能源审计工作和节能规划编制工作进行了安排并召开了前期工作会。组织了《××油气田分公司能源审计实施方案》审查，召开了"××油气田分公司能源审计工作启动会"，并于 4 月开始现场调研。根据现场核查情况以及数据的整理结果，完成了 2010 年、2011 年公司耗能用水统计数据的修正工作，并配合能源审计外协单位，完成了能源审

计报告初稿的编制,开展了"十二五"节能规划编制的准备工作。完成了能源审计报告及"十二五"节能规划送审稿。

(2)召开环保节能工作会议。为进一步推进节能减排工作,2012年3月14日至16日,公司召开了环保节能工作会。会议全面总结"十一五"节能工作成绩,分析、讨论了存在的问题,并对"十二五"节能工作进行了总体部署。

(3)分解落实"十二五"节能节水指标。为了落实省政府《千户企业节能行动推进方案》,完成"千户企业"节能任务及勘探与生产分公司"十二五"节能节水指标要求,下达了"十二五"节能节水指标。

4. 组织节能统计专项检查,夯实节能基础管理

为保证节能统计信息上报的真实性和准确性,发挥节能统计对"十二五"节能工作的指导作用,2012年公司安排并组织节能统计检查工作。下发了××通知,完成了对各单位自查报告的审查。对××气矿等单位进行了统计专项检查;5月底召开了统计分析专项会议,通报了《××油气田分公司节能节水统计管理实施细则》贯彻情况专项检查结果。6月8日,公司印发了《〈××油气田分公司节能节水统计管理实施细则〉执行情况专项检查通报》。督促相关单位对发现的问题进行整改。

5. 积极开展能效对标,推进节能技术进步

(1)按《××油气田分公司"十二五"能效水平对标活动实施方案》部署,推进能效对标工作。方案规定了对标基本原则,明确了各单位和部门的工作职责,规定了能效对标指标体系建立、信息报送与发布程序和能效对标工作程序等内容。至此,公司的能效对标工作进入规范、正常运行轨道。

(2)认真落实勘探与生产分公司能效对标推进视频会的有关要求。协调并初步完成了同类相似可比天然气净化厂的选择工作,确定对标对象、对标指标和数据交流程序。组织完成了天然气净化专业能效横向对标指标体系的制定及相关能耗统计数据表的编制。

(3)按计划组织集团公司节能示范工程建设。对××区块节能示范工程建设方案进行了审查,并下达了批复。落实了分厂示范工程改造资金。按照"突出重点、坚持自愿、注重实效、以点带面"的原则,在主要基层生产单位开展了创建节能节水样板站(车间、装置)活动。

(4)组织节能节水论文征集活动。下发了《关于征集节能节水论文的

通知》,收集先进的工艺、技术、设备和管理方法等节能节水技术论文58篇,筛选并上报给勘探与生产分公司23篇。

(5)为贯彻落实国务院《"十二五"节能减排综合性工作方案》,引导用能单位采用先进的节能新工艺、新技术、新设备(产品),4月初质量安全环保处转发了《节能机电设备(产品)推荐目录(第三批)》和《国家重点节能技术推广目录(第四批)》,并就推广应用工作进行了要求和部署。

6. 强化节能监测管理,落实节能监测整改措施

(1)为加强分公司重点用能设备管理,规范节能技措项目效果评价,年初,分公司对225台重点耗能设备下达了节能监测任务,明确了监测、评价标准,并对各单位节能技措项目节能监测评价工作等进行了安排。目前,两个监测机构已全面完成2012年的现场监测工作,公司环境监测与评价中心正在汇编《2012年节能监测年度报告》。除自身安排的节能监测任务外,公司还积极配合股份公司油田节能监测中心,完成了20套注水系统的监督监测任务以及部分产品测试和监督管理工作。

(2)为充分发挥节能监测对设备节能挖潜的指导作用,2012年初,分公司下发了《关于印发〈××油气田公司2011年节能监测年度报告〉的通知》,对各单位2011年节能监测情况进行了通报,提出了整改要求,各单位针对节能监测发现的问题编制并上报了《2011年节能监测不合格设备整改计划》,落实了整改措施。

7. 加强建设项目节能管理,规范节能评估工作

(1)规范节能评估取费工作。为做好建设项目的节能管理,贯彻落实《××油气田分公司固定资产投资项目节能管理暂行办法》,协助造价部制定并发布了《××油气田分公司固定资产投资项目节能评估费用标准》(西南司造价〔2012〕44号),规范了建设项目节能评估取费。

(2)认真按照地方政府及上级部门要求,开展项目节能评估工作。完成了××工程等12个重点项目的节能评估工作。项目涉及投资达40多亿元。其中,××工程在可研和设计阶段,通过加强设计审查,实施节能评估,有效的促进了节能"四新"技术的应用,通过对各工艺环节的节能优化设计,使单耗达到国内先进水平。

8. 配合集团公司节能管理信息系统项目组及节能政策调研

4月和5月,公司按照集团公司要求,全力配合集团公司节能管理信息

系统项目组,完成了××油气田各业务的现场调研及资料上报工作,并配合集团公司油气田节能节水技术及节能政策调研组开展了节能技术、政策的研讨以及有关材料的上报工作。

9. 挖掘重点环节节能潜力,加快重点项目的研究和实施

结合天然气开发生产现状,积极开展天然气管网优化项目的前期研究,加快推动"××地面系统'十二五'生产运行优化总体方案"项目。认真组织实施天然气净化业务的节能专项项目。一是勘探与生产分公司下达2012年第一批节能项目"××节能示范工程"后,规划计划部门已完成了部分的初设批复,项目转入施工设计和设备采购阶段;二是勘探与生产分公司在《关于印发2012年第二批节能项目审查意见的通知》将××油气田能源计量器具配置及改造项目列入第二批节能专项项目后,公司及时安排××等四个相关单位开始了初步设计工作;三是按照勘探与生产分公司《关于加强节能节水专项投资项目管理的通知》的要求,编制并上报了《××油气田2010－2012年节能专项投资项目进展情况报告》。

10. 积极开展合同能源管理试点,推进重点环节节能技术改造

为提高增压机等重点环节能源利用效率,分公司安排××天然气净化总厂、××气矿、××天然气化工总厂开展合同能源管理试点工作。××气矿开展实施压缩机余热回收利用技术的工作,经过多方讨论、现场查看,最终决定在××井站实施。××气矿提出了设备操作安全性、可靠性、冗余性、方便性要求,对方案今后实施中的节能效率提出了更具体的要求,8月气矿开展井站计量器具改造,使其具备现场监测条件。8月29日再次到井站考察,确定参数测量的全面性、可行性。初步认定所需参数基本可测,并着手制定现场测定方案。9月已派两名技术人员赴井站开始现场测试,并完成数据的测量和整理。目前正在方案的论证阶段。

11. 广泛开展节能宣传,精心组织节能节水业务培训

积极组织节能宣传。"全国节能宣传周"活动期间,按照全国节能宣传周活动安排(发改环资〔2012〕1320号),及集团公司为了宣贯国家节能政策,提高员工节约意识,组织开展了形式多样的节能节水宣传活动。分公司部署了2012年的节能节水宣传工作。5月25日,公司组织各单位节能管理人员及节能监测中心人员参加了"××节能减排博

览会"。全国节能宣传周期间,分公司与××钻探联合制作了宣传展板,在大厦举行了节能宣传活动。各单位结合"全国节能周"宣传主题开展了形式多样的宣传活动。

为进一步提高分公司节能监测及节能管理人员的业务水平,按照分公司 2012 年员工培训项目计划的安排,公司分别于 2012 年 6 月和 7 月举办了节能监测培训班和节能节水管理培训班。分公司所属二级单位节能管理人员、节能监测中心节能监测和管理人员及机关有关部门共 150 余人参加了培训。培训内容包括:热工、电气设备节能监测与评价知识、重点工艺、设备的节能分析、节能检测标准体系及监测管理、节能节水形势、天然气净化节能经济运行、能源管理体系、节能节水统计等相关知识。

12. 积极落实万家企业节能低碳行动实施方案

2012 年 8 月 9 日,公司以××为依据,部署了落实万家企业节能低碳行动实施方案的各项措施。要求各单位高度重视万家企业节能低碳行动,加强节能工作组织领导,强化节能目标责任制,加强节能管理,大力推进节能技术进步,确保完成万家企业节能目标任务。同时,按照地方政府万家企业节能低碳行动的要求,完成了"十二五"节能目标任务的分解、上报工作,组织编制了 2011 年度节能目标自查报告并上报了 2011 年万家企业能源利用状况报告。

六、存在的主要问题及下一步工作安排

1. 气田节能节水空间有限

节能量指标方面,天然气生产能耗主要产生于气田增压和含硫天然气净化环节。在"十一五"期间公司各生产环节的节能潜力已经得到部分挖掘,且新建项目在加强节能审查和评估后,能效水平均得到大大提高,节能工作整体进入攻坚克难阶段,需要更多的资金投入来开发更先进的技术。目前,公司主要节能挖潜方向为老油气田优化简化、增压系统运行优化、净化生产装置适应性改造,以及余热余压利用等方面,节能潜力有限且技改实施还受到保生产任务的制约。因此,"十二五"技措节能的难度将逐年增加。

节水量方面,目前集团公司油气田业务的节水量计算方法为单耗法,其

指标完成情况直接受天然气产量和新鲜水总用量 2 项指标的影响。新鲜水用量可以通过优化工艺、中水回用和加强定额管理将其控制在合理的范围内,但天然气产量不以业务部门主观意志为转移,完成目标任务难于把控。

2. 部分工作还不能满足"万家企业"考核要求

部分工作还不能满足"万家企业"考核要求。在体系建设、能耗在线监控等方面,还不能按照"万家企业"考核要求来执行。

附录 1　能源统计相关法律、法规及文件目录

（1）中华人民共和国统计法 中华人民共和国主席令第 15 号（2009 年修订）。

（2）中华人民共和国节约能源法 中华人民共和国主席令第 77 号（2007 年修订）。

（3）中华人民共和国电力法 中华人民共和国主席令第 60 号（1995）。

（4）中华人民共和国矿产资源法 中华人民共和国主席令第 74 号（1996）。

（5）中华人民共和国煤炭法 中华人民共和国主席令第 75 号（1996）。

（6）中华人民共和国可再生能源法 中华人民共和国主席令第 23 号（2009 年修订）。

（7）中华人民共和国清洁生产促进法 中华人民共和国主席令第 54 号（2012 年修订）。

（8）中华人民共和国循环经济促进法 中华人民共和国主席令第 4 号（2008）。

（9）中华人民共和国水法 中华人民共和国主席令第 74 号（2002 年修订）。

（10）节能减排统计监测及考核实施方案和办法（国发〔2007〕36 号）。

（11）中华人民共和国国民经济和社会发展第十二个五年规划纲要（2011）。

（12）"十二五"节能减排综合性工作方案（国发〔2011〕26 号）。

（13）关于印发万家企业节能低碳行动实施方案的通知（发改环资〔2011〕2873 号）。

（14）关于实行最严格水资源管理制度的意见（国发〔2012〕3 号）。

（15）中国石油天然气集团公司节能节水管理办法（中油质〔2008〕480 号）。

（16）中国石油天然气集团公司节能统计指标及计算方法（试行）（中油计〔2008〕479 号）。

（17）中国石油天然气集团公司节能节水统计管理规定（质量〔2010〕881 号）。

附录2　常用油气田能耗统计标准目录

GB/T 6422—2009 用能设备能量测试导则

GB/T 2589—2008 综合能耗计算通则

GB/T 13234—2009 企业节能量计算方法

SY/T 6838—2011 油气田企业节能量与节水量计算方法

SY/T 6722—2008 石油企业耗能用水统计指标与计算方法

SY/T 5264—2012 油田生产系统能耗测试和计算方法

Q/SY 61—2011 节能节水统计指标及计算方法

附录3　常用能源计量单位换算资料

1. 吨标准煤（tce）

按煤的热当量值计算各种能源的计量单位。

1 千克标准煤（1kgce）= 7000 千卡（kcal）= 29307 千焦（kJ）

百万吨标煤（Mtce）= 10^6 tce

2. 吨油当量（toe）

1 千克油当量（kgoe）= 10000 千卡（kcal）= 41816 千焦（kJ）

3. 吉焦（GJ）

1 吉焦（GJ）= 10^9 焦耳（J）= 2.391×10^5 千卡（kcal）= 277.78 千瓦时（kW·h）

4. 百万英热单位（MBtu）

1 英热单位（Btu）= 0.252 千卡（kcal）= 1054 焦耳（J）

5. 百万吨碳（Mt – C）

6. 兆瓦（MW）、吉瓦（GW）、太瓦（TW）

1 兆瓦（MW）= 1000 千瓦（kW）

1 吉瓦（GW）= 10^6 千瓦（kW）

1 太瓦（TW）= 10^9 千瓦（kW）

7. 桶（bbl，b）

1 桶原油（世界平均比重）= 0.137 吨（t）= 0.159 千升（kL）= 42 美制加仑（USgal）

8. 石油质量和容积换算

石油质量和容积换算见附表 3 – 1。

附表 3 – 1　石油质量和容积换算表

项目	kL（千升）	公吨（t）	桶（bbl）	千加仑（1000gal）
kL（千升）	1	0.863	6.29	0.264
t（公吨）	1.16	1	7.30	0.306
bbl（桶）	0.159	0.137	1	0.042
1000gal（千加仑）	3.79	3.26	23.8	1

9. 吨原油和成品油换算系数

吨原油和成品油换算系数见附表 3 - 2。

附表 3 - 2　吨原油和成品油换算系数

油品类型	升(L)	美制加仑(USgal)	英制加仑(UKgal)	桶(bbl)	米³(m³)
航空汽油	1370	262	301	8.62	1.370
沥青	962	254	212	6.05	0.962
燃料油	1099	290	242	6.91	1.099
粗柴油	1149	304	253	7.23	1.149
汽油	1351	357	297	8.50	1.351
喷汽燃料	1235	326	272	7.77	1.235
煤油	1235	326	272	7.77	1.235
液化石油气	1852	489	407	11.65	1.852
润滑油	1111	294	244	6.99	1.111
车用汽油	1351	357	297	8.50	1.351
石脑油	1389	367	306	8.74	1.389
天然汽油	1590	420	350	10.00	1.590
石蜡	1250	330	275	7.86	1.250
石油焦	877	232	193	8.52	0.877
炼厂凝析油	1429	378	214	8.99	1.429
残渣燃料油	1053	278	232	6.62	1.053
石油溶剂	1235	326	272	7.77	1.235
原油	1164	308	256	7.32	1.164

10. 功率单位及换算

1 马力(hp) = 0.7457 千瓦(kW)

　　　　　 = 1.014 公制马力(PS)

　　　　　 = 550 英尺磅力/秒(ft·lbf/s)

　　　　　 = 76.04 千克·米/秒(kg·m/s)

　　　　　 = 0.7042 英热单位/秒(Btu/s)

1 千瓦(kW) = 1.341 马力(hp)

　　　　　 = 1.3598 公制马力(PS)

$$= 737.6 \text{ 英尺磅力/秒}(\text{ft} \cdot \text{lbf/s})$$
$$= 102.01 \text{ 千克} \cdot \text{米/秒}(\text{kg} \cdot \text{m/s})$$
$$= 0.9476 \text{ 英热单位/秒}(\text{Btu/s})$$

1 公制马力 metric hp $= 0.736$ 千瓦(kW)
$$= 75 \text{ 千克} \cdot \text{米/秒}(\text{kg} \cdot \text{m/s})$$
$$= 0.987 \text{ 马力}(\text{hp})$$

1 千伏安(kVA) $= 0.9$ 千瓦(kW)

11. 能量单位及换算

1 英尺磅力(ft · lbf) $= 0.13626$ 千克 · 米(kg · m)
$$= 1.356 \text{ 焦耳}(\text{J})$$
$$= 1.2844 \times 10^{-3} \text{英热单位}(\text{Btu})$$

1 千克 · 米 $= 7.233$ 英尺磅力(ft · lbf)
$$= 9.8066 \text{ 焦耳}(\text{J})$$
$$= 9.29 \times 10^{-3} \text{英热单位}(\text{Btu})$$

1 英尺磅力(ft · lbf) $= 5.0506 \times 10^{-7}$ 马力小时(hp · h)
$$= 3.766 \times 10^{-4} \text{千瓦小时}(\text{kW} \cdot \text{h})$$

1 英热单位(Btu) 3.93×10^{-4} 马力小时(hp · h)

12. 常用能源实物计量单位及采用情况

常用能源实物计量单位及采用情况见附表 3 – 3。

附表 3 – 3　常用能源实物计量单位及采用情况

能源形式	单位	使用国家和地区
原煤	吨(t)	世界各地
原油	吨(t)	中国、俄罗斯、东欧
	桶(bbl)	西方各国
成品油	公升(L)	中国、俄罗斯、东欧
	加仑(gal)	西方各国
天然气	立方米(m^3)	中国、俄罗斯
	标准立方英尺(scf)	西方各国
电力	千瓦时(kW · h)	世界各地

注:(1)表中吨指公吨,1t = 1000kg;

(2)桶是指石油桶,1bbl ≈ 159L;

(3)加仑分美制加仑(USgal)和英制加仑(UKgal),1USgal = 3.785L,1UKgal = 4.546L。

附录 4　相关业务指标说明

油气田单耗指标包括油田业务单耗指标、气田业务单耗指标、公用工程及其他单耗指标。公用工程及其他单耗指标补充说明如下：

1. 单位钻井进尺综合能耗

单位钻井进尺综合能耗 = 钻井生产消耗的能源合计/钻井进尺的总数。其中，除了以柴油、网电为主要动力的钻机外，还包括混合动力或双燃料等钻机的能耗和进尺数（不含国外能耗和进尺数）。

2. 单位钻井进尺耗柴油

单位钻井进尺耗柴油 = 钻井生产用柴油量/对应完成的钻井进尺数。专指以柴油为动力的钻机技术指标。

3. 单位钻井进尺耗电

单位钻井进尺耗电 = 钻井生产用电量/对应完成的钻井进尺数。专指以网电为动力的钻机技术指标。

4. 发电标准煤耗

发电标准煤耗 = 火力发电厂投入的能源（原煤、原油、天然气等）折标准煤量/发电量。

5. 供电标准煤耗

供电标准煤耗 = 火力发电厂投入的能源（原煤、原油、天然气等）折标准煤量/供电量（发电量 - 发电厂自用电量）。

6. 供热标准煤耗

供热标准煤耗 = 热电厂投入的能源（原煤、原油、天然气等）折标准煤量/供热量（产热量 - 热电厂自用热量）。

7. 采暖标准煤耗

采暖标准煤耗 = 采暖投入的能源（原煤、原油、天然气等）折标准煤量/供热面积。

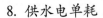

8. 供水电单耗

供水电单耗 = 供水公司耗电量/供水量。不包含水厂（车间）自用水量。

9. 发电水单耗

发电水单耗 = 发电所耗用的新鲜水量/火力发电厂发电量。

10. 供热水单耗

供热水单耗 = 供热所耗用的新鲜水量/热电厂供出的热量。

参 考 文 献

［1］吉效科．油田设备节能技术．北京：中国石化出版社,2011.

［2］军事经济学院．统计基础知识．北京：解放军出版社,1988.

［3］马爱民,等．中国温室气体清单研究．北京：中国环境科学出版社,2007.

［4］刘宝和．中国石油勘探开发百科全书　工程卷．北京：石油工业出版社,2008.

［5］赖文燕.统计基础．北京：经济科学出版社,2010.

［6］孙德刚,吴照云,等.石油石化企业节能节水管理．北京：石油工业出版社,2003.

［7］叶学礼,等．石油和化工工程技术设计工作手册 第二册 油田地面工程设计．北京：中国石油大学出版社,2010.

［8］叶学礼,等．石油和化工工程技术设计工作手册　第三册　气田地面工程设计．北京：中国石油大学出版社,2010.

［9］国家统计局能源司．能源统计工作手册．北京：中国统计出版社,2010.

［10］宗铁,雍自强,等．油田企业节能技术与实例分析．北京：中国石化出版社,2010.